Korrekturblatt zu ISBN 3-519-03213-9
Gerlach/Grosse/Gerstenhauer
Physik-Übungen für Ingenieure

Seiten 5,6,7 (Inhaltsverzeichnis):
Zur angegebenen Seitennummer muß 2 addiert werden.

Seiten 10,11: Fig. 1.2, Formeln und Text zur Aufgabe 1 müssen ersetzt werden:

Das Gleichgewicht ergibt dort die Gl. (1.2). Eine zweite Beziehung ergibt sich aus Fig. 1.2 b) durch Betrachtung des Kräftegleichgewichts auf der z-Achse, s. Gl. (1.4).

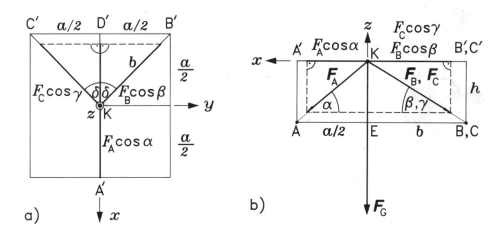

Fig. 1.2 a) xy-Ebene parallel zur Platte durch den Punkt K,
     b) geknickter Schnitt A-E-B,C

Aus Fig. 1.2 a):

  1. $\triangle \text{ B}'\text{KD}' \rightarrow \delta = 45°, \quad \cos \delta = \sqrt{2}/2$.

  2. $\overline{\text{KB}'} = b = a/\sqrt{2}$ (Pythagoras) .

  3. x-Achse : $F_A \cos \alpha = (F_C \cos \gamma + F_B \cos \beta) \cos \delta \rightarrow$

                    $F_A \cos \alpha = 2 F_B \cos \beta \cos \delta$.   (1.2)

b.w.

Aus Fig. 1.2 b):

1. Winkel: $\tan\alpha = \dfrac{2h}{a}$, $\cos\alpha = \dfrac{h}{\sqrt{h^2 + a^2/4}}$.

$$\tan\beta = \frac{h}{b} = \frac{\sqrt{2}h}{a} \ , \quad \cos\beta = \frac{h}{\sqrt{h^2 + a^2/2}} \ .$$

$$\tan\alpha = \sqrt{2}\tan\beta \ . \tag{1.3}$$

2. z-Achse : $-F_A\sin\alpha - F_B\sin\beta - F_C\sin\gamma - F_G = 0 \rightarrow$

$$F_A\sin\alpha + 2F_B\sin\beta + F_G = 0 \ . \tag{1.4}$$

Die beiden Kräfte F_A und F_B lassen sich nun mit den Gln. (1.2) und (1.4) berechnen. Die Winkel sind bekannt, s. Fig. 1.2.

Aus Gl. (1.2):

$$F_A = \sqrt{2}F_B\cos\beta/\cos\alpha \ , \tag{1.5}$$

aus Gl. (1.4) mit Gl. (1.5):

$$F_B = \frac{-F_G}{\sqrt{2}\cos\beta\tan\alpha + 2\sin\beta} \ .$$

Ersatz von α durch β mit Gl. (1.3) ergibt:

$$F_B = F_C = -F_G/(4\sin\beta) \ . \tag{1.6}$$

Aus Gl. (1.5) folgt mit den Gl. (1.6) und (1.3):

$$F_A = -F_G/(2\sin\alpha) \ . \tag{1.7}$$

Die Gewichtskraft $\mathbf{F}_G$ hat die z-Komponente $-mg_n$. Im Grenzfall $h \gg a$ werden $\alpha = \beta = \gamma = 90°$, $\sin\alpha = \sin\beta = 1$ und $F_A = m\,g_n/2$, $F_B = F_C = m\,g_n/4$.

Zahlenwerte:
$\tan\alpha = 2h/a = 0,200 \rightarrow \alpha = 0,197\,\text{rad} = 11,3°$,
$\tan\beta = \sqrt{2}h/a = 0,141 \rightarrow \alpha = 0,140\,\text{rad} = 8,05°$,
aus Gl. (1.7): $F_A = 500\,\text{kN}$, aus Gl. (1.6): $F_B = F_C = 350\,\text{kN}$.

Physik-Übungen für Ingenieure

Von Prof. Dr. rer. nat. Eckard Gerlach
Prof. Dr. rer. nat. Peter Grosse
und Dr. rer. nat. Eike Gerstenhauer

Rhein. Westf. Techn. Hochschule, Aachen

B. G. Teubner Stuttgart 1995

Die Deutsche Bibliothek – CIP-Einheitsaufnahme

Gerlach, Eckard:
Physik-Übungen für Ingenieure / von Eckard Gerlach, Peter
Grosse und Eike Gerstenhauer. – Stuttgart : Teubner, 1995
   ISBN 3-519-03213-9

© B. G. Teubner Stuttgart 1995
Printed in Germany
Druck und Bindung: Präzis-Druck GmbH, Karlsruhe

Vorwort

Die vorliegende Sammlung von Aufgaben und Lösungen ist aus den "Übungen" und Vordiplom-Klausuren entstanden, die an der RWTH in Aachen für die Studierenden der Ingenieurwissenschaften durchgeführt werden. Der Umfang der Lehrveranstaltungen im Nebenfach Physik beträgt, je nach Fachrichtung, 8 Semesterwochenstunden Vorlesung mit 2 Stunden Übung oder nur 2 Semesterwochenstunden mit einer Stunde Übungen. Im letzten Fall ist der Stoff auf die Kapitel "Wellen, Optik, Struktur der Materie" beschränkt, während im ersten Fall alle Kapitel der makroskopischen Physik und "Struktur der Materie" berührt werden.

Die Reduktion der Physik auf 2 Semesterwochenstunden hat sich im Rahmen der Studienreform durchgesetzt und basiert auf der durchaus anfechtbaren Hypothese, daß die ausgelassenen Kapitel in den Vorlesungen Technische Mechanik, Elektrotechnik, Technische Thermodynamik und Werkstoffkunde ergänzt würden. Zwar steht die Reduktion der Physikausbildung im Widerspruch zu den Ansprüchen der modernen "High Technology", die sowohl bei der Werkstoffentwicklung als auch bei der Verfahrens- und Produktionstechnik mehr denn je physikalische Kenntnisse fordert. Aber dem Stundenkürzen der Bildungspolitiker sind inhaltliche Bedenken nicht gewachsen!

Das mit dieser Aufgabensammlung angestrebte Ziel ist, mit Hilfe der in der Vorlesung erarbeiteten Gesetze konkrete Beispiele zu verstehen und quantitativ zu beschreiben. Dabei soll das zu lösende Problem nicht detaillierter formuliert werden als nötig, da es der wichtigste und kreativste Schritt des Lernenden ist, die Gesetze zu assoziieren, die für das Problem relevant sind. Ebenso wichtig ist es, zu erkennen, welche Vereinfachungen und Näherungen bei der Lösung des Problems erlaubt sind, ohne gerade den eigentlichen "Witz" der Aufgabe zu verpassen.

Diese Fähigkeit sind für jeden Naturwissenschaftler oder Ingenieur unverzichtbar. Gerade von diesen Berufen muß man erwarten können, daß sie bei der Diskussion über Problemlösungen oder Folgeabschätzungen ein objektives Urteil abgeben können. Dieses Urteil ist ausnahmslos nur objektiv, wenn es quantitative Aussagen enthält. Ohne quantitative Argumentation ist eine Aussage leer!

Die zu den Aufgaben gegebenen Lösungswege sollen keine Musterlösungen sein, sondern als Leitfaden benutzt werden. Ihr formaler Gang - insbesondere die Absatzgestaltung - soll dazu anregen, eigene Wege bei der Lösung zu versuchen.

4

Je weniger Hilfe in Anspruch genommen werden muß, desto besser! Das Training der Kreativität ist besonders wichtig.

Die gewählten Beispiele entsprechen der Aachener Ausbildung. Sie sollten inhaltlich aus Themenkreisen stammen, die für Ingenieure und Naturwissenschaftler relevant sind. Die nötigen physikalischen Grundlagen kann man in den meisten Lehrbüchern nachlesen. Wir beziehen uns aber in der Aufgabensammlung meistens auf unser Lehrbuch, [GG]. Die Beispiele für Klausuraufgaben unterscheiden sich aufgrund der Stoffauswahl für zweisemestrige (2) bzw. einsemestrige (1) Physikausbildung im Nebenfach.

An dieser Stelle möchten wir noch einmal all denen danken, die im Verlauf der letzten Jahre durch die Durchführung der Übungsveranstaltungen an der RWTH direkt und indirekt zu den Grundlagen des Buches beigetragen haben, insbesondere den Herren G. Dittmar, B. Harbecke, B. Heinz, A. Kaser (†), H. Kluttig, G. Mützenich, D. Pandoulas, M. Quinten, W. Theiß und J. Woitok.

Weiter danken wir denen, die dem Äußeren des Buches Gestalt gegeben haben: Herrn M. Kohlen für die sorgfältige Anfertigung der Figuren und ganz besonders Frau J. Elbert für das Schreiben der Druckvorlage. Dabei wurde sie beim Umgang mit dem Textverarbeitungsprogramm unterstützt durch die Herren S. Morley und A. Schultz von Dratzig. Vielen Dank! Beim Teubner-Verlag danken wir Herrn Dr. P. Spuhler für seine Anregung, das Buch zu schreiben und bis zum Ende durchzuhalten, und Herrn D. Schauerte von der Technik.

Eckard Gerlach
Eike Gerstenhauer
Peter Grosse
Aachen, im Herbst 1995

Inhaltsverzeichnis

Aufgabe 1: Betonplatte

Auf einer Baustelle hängt eine quadratische Betonplatte (Seitenlänge $a = 5$ m, Masse $m = 2 \cdot 10^4$ kg) waagerecht an einem Kran. Der Kranhaken K befindet sich $h = 50$ cm über den Befestigungspunkten A, B, C, s. Fig. 1.1. Zwischen dem Kranhaken und den Befestigungspunkten befinden sich Seile.

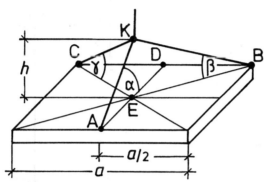

Fig. 1.1 Betonplatte am Kranhaken K

Frage: Welche Zugkräfte wirken in den Seilen?

Lösung:

Hinweis zur Physik: Statisches Kräftegleichgewicht in [GG] Gl. (2.6)

Hinweise zur Mathematik:
Vektoren (Komponenten, Projektion) in [GG] Abschn. A1

Bearbeitungsvorschlag:
Wir beziehen das Kräftegleichgewicht auf den Punkt K, s. Fig. 1.1. Dort kompensiert der Kran die Gewichtskraft $\boldsymbol{F}_\mathrm{G} = m\boldsymbol{g}_\mathrm{n}$ (Masse der Seile vernachlässigt). In den Punkten A, B und C wirken die gesuchten Seilkräfte. Wir verschieben sie entlang der Seile nach K. Dort besteht das statische Kräftegleichgewicht

$$\boldsymbol{F}_\mathrm{A} + \boldsymbol{F}_\mathrm{B} + \boldsymbol{F}_\mathrm{C} + \boldsymbol{F}_\mathrm{G} = 0 \,. \tag{1.1}$$

Aus Symmetriegründen ist $F_\mathrm{B} = F_\mathrm{C}$ und $\beta = \gamma$, so daß noch zwei Kräfte bestimmt werden müssen. Dazu wird ein rechtwinkliges Koordinatensystem eingeführt (Fig. 1.2 a): Ursprung in K, xy-Ebene parallel zur Plattenfläche, z-Achse nach oben. Das Gleichgewicht der Kräfte gilt auch für ihre Komponenten. Die Kräfte werden deshalb in die xy-Ebene und dann auf die x-Achse projiziert, s. Fig. 1.2.

Das Gleichgewicht ergibt dort die Gl. (1.2). Eine zweite Beziehung ergibt sich aus Fig. 1.2 b) durch Betrachtung des Kräftegleichgewichts auf der z-Achse, s. Gl. (1.3).

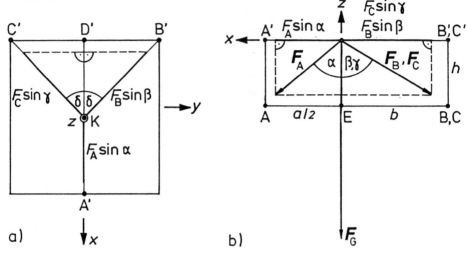

Fig. 1.2 a) xy-Ebene parallel zur Platte durch den Punkt K,
         b) geknickter Schnitt A-E-B

Aus Fig. 1.2 a):

1. $\Delta\, B'KD' \to \delta = 45°, \quad \cos\delta = \sqrt{2}/2$.

2. $\overline{KB'} = b = a/\sqrt{2}$ (Pythagoras) .

3. x-Achse : $F_A \sin\alpha = (F_C \sin\gamma + F_B \sin\beta)\cos\delta \to$

    $F_A \sin\alpha = 2\,F_B\,\sin\beta\cos\delta$. (1.2)

Aus Fig. 1.2 b):

1. Winkel: $\tan\alpha = \dfrac{a}{2h}$, $\cos\alpha = \dfrac{h}{\sqrt{h^2 + a^2/4}}$.

    $\tan\beta = \dfrac{b}{h} = \dfrac{a}{\sqrt{2}h}$, $\cos\beta = \dfrac{h}{\sqrt{h^2 + a^2/2}}$.

    $\tan\beta = \sqrt{2}\tan\alpha$.

2. z-Achse : $-F_A\cos\alpha - F_B\cos\beta - F_C\cos\gamma - F_G = 0 \to$

    $F_A\cos\alpha + 2F_B\cos\beta + F_G = 0$. (1.3)

Die beiden Kräfte F_A und F_B lassen sich nun mit den Gln. (1.2) und (1.3) berechnen. Die Winkel sind bekannt, s. Fig. 1.2.

Aus Gl. (1.2):

$$F_A = \sqrt{2} F_B \sin\beta / \sin\alpha \,, \tag{1.4}$$

aus Gl. (1.3) mit Gl. (1.4):

$$F_B \;=\; \frac{-F_G \sin\alpha}{\sqrt{2}\sin\beta\cos\alpha + 2\cos\beta\sin\alpha} \;=\; \frac{F_G \tan\alpha}{\sqrt{2}\sin\beta + 2\cos\beta\tan\alpha}$$

$$\;=\; \frac{-F_G \tan\beta}{2\sin\beta + 2\cos\beta\tan\beta} \;=\; \frac{-F_G \tan\beta}{4\sin\beta} \,,$$

$$F_B \;=\; F_C = -F_G/(4\cos\beta) \,. \tag{1.5}$$

Aus Gl. (1.4) folgt mit Gl. (1.5) und der Winkelbeziehungen aus Fig. 1.2 b)

$$F_A = -F_G/(2\cos\alpha) \,. \tag{1.6}$$

Die Gewichtskraft $\boldsymbol{F}_G$ hat die z-Komponente $-m\,g_n$. Im Grenzfall $h \gg a$ werden $\cos\alpha = \cos\beta = 1$ und $F_A = m\,g_n/2$, $F_B = F_C = m\,g_n/4$.

Zahlenwerte:
$\tan\alpha = 2h/a = 0,200 \rightarrow \alpha = 0,197 \,\text{rad} = 11,3°$,
$\tan\beta = \sqrt{2}h/a = 0,141 \rightarrow \alpha = 0,140 \,\text{rad} = 8,05°$,
$F_A \;\; = 1,00 \cdot 10^5 \,\text{N}, \;\; F_B = F_C = 4,95 \cdot 10^4 \,\text{N} \,.$

Aufgabe 2: Sicherheitsabstand

Auf einer Autobahn fahren zwei Wagen mit einer Geschwindigkeit von $v_0 = 130$ km/h hintereinander her. Der vordere Wagen (1) hat abgefahrene Reifen und erreicht eine maximale Bremsverzögerung von 7 m/s^2, der hintere (2) hat neue Reifen und erreicht eine maximale Bremsverzögerung von 4 m/s^2. Wagen 1 beginnt bei $t = 0$ mit maximaler Verzögerung zu bremsen. Nach 1,6 s beginnt auch Wagen 2 mit maximaler Verzögerung zu bremsen.

Fragen:
Wie lange dauert der Bremsvorgang jeweils? Wie groß muß der Abstand der Wagen bei $t = 0$ mindestens gewesen sein, damit es nicht zum Auffahrunfall kommt?

Lösung:

Anmerkung:
Offensichtlich ist die Fahrbahn trocken. Sonst würde der Wagen mit den abgefahrenen Reifen nicht besser bremsen als der mit den neuen Reifen. Die Bodenhaftung des abgefahrenen Reifens ist besser, weil er mehr mikroskopische Berührungsstellen mit der Straße hat als ein profilierter Reifen. Das gilt nur, solange sich kein Flüssigkeitsfilm zwischen Reifen und Straße befindet. Das Profil in den Reifen hat den Sinn, z.B. das Wasser unter den Stollen zu verdrängen und durch die Rillen abzuleiten. Für Gummireifen auf der Straße ist die Reibungskraft abhängig von der Auflagefläche im Gegensatz zu Reibung zwischen starren Körpern, s. Aufgabe 6.

Hinweise zur Physik:
Bewegung mit konstanter Beschleunigung $\boldsymbol{a}$ in [GG] Abschn. 5:

$$\text{Geschwindigkeit: } \boldsymbol{v}(t) = \boldsymbol{a}\, t + \boldsymbol{v}_0 \,, \tag{2.1}$$

$$\text{Weg: } \boldsymbol{r}(t) = \frac{\boldsymbol{a}}{2}\, t^2 + \boldsymbol{v}_0\, t + \boldsymbol{r}_0 \,. \tag{2.2}$$

Bearbeitungsvorschlag:
Wir berechnen die von den beiden Wagen zurückgelegten Wege und vergleichen sie.
Der vordere Wagen führt eine konstant verzögerte Bewegung aus, die bei $t = 0$ beginnt. Er kommt nach der Zeit $t = T_1$ zum Stillstand ($v(T_1) = 0$).

$$v(t) = -a\, t + v_0 \rightarrow T_1 = v_0/a_1 \,. \tag{2.3}$$

Bis dahin legt er den (Brems)weg

$$r_1 = -T_1^2/2 + v_0\, T_1 = v_0^2/(2a_1) \tag{2.4}$$

zurück.
Bremszeit T_2 und Bremsweg r_B für den Wagen 2 sind:

$$T_2 = v_0/a_2 \qquad , \qquad r_\text{B} = v_0^2/(2a_2) \,. \tag{2.5}$$

Dieser fährt aber vorher noch eine Zeit t_U ungebremst und legt dabei den Weg

$$r_U = v_0 \, t_U \qquad (2.6)$$

zurück.

Außerdem hatte er zur Zeit $t = 0$ den Sicherheitsabstand r_S zu Wagen 1. Daraus ergibt sich für den Wagen 2

$$r_2 = v_0^2/(2a_2) + v_0 \, t_U - r_S \,. \qquad (2.7)$$

Die Bedingung, daß es nicht zum Zusammenstoß kommt, lautet:

$$r_1 \geq r_2 + \ell \qquad (2.8)$$

mit ℓ - Länge von Wagen 1.

Daraus folgt mit Gl. (2.4) und Gl. (2.7) für den minimalen Abstand

$$r_S = \frac{v_0^2}{2}\left(\frac{1}{a_2} - \frac{1}{a_1}\right) + v_0 \, t_U + \ell \,. \qquad (2.9)$$

Der Sicherheitsabstand setzt sich also im wesentlichen aus der Differenz der Bremswege und der während der "Schrecksekunde" t_U zurückgelegten Strecke zusammen.

Zahlenwerte:
$v_0 = 130$ km/h $= (130/3{,}6)$ m/s.
Bremszeiten: $T_1 = 5{,}16$ s, $T_2 = 9{,}03$ s.
Sicherheitsabstand nach Gl. (2.9): $r_S = 69{,}8$ m $+ 57{,}8$ m $+ \ell = 127{,}6$ m $+ \ell$.

Aufgabe 3: Sichtweite

Die Sichtweite bei einer Autofahrt beträgt $r_S = 100$ m. (Reaktionszeit beim Bremsen $t_U = 0{,}5$ s, maximale Bremsverzögerung 4 m/s^2).

Frage:
Wie groß darf die Geschwindigkeit höchstens sein, wenn ein Auffahren auf ein ruhendes Hindernis vermieden werden soll?

Lösung:

Anmerkung:
Eine praktische Regel lautet: Der Bremsweg in Metern ergibt sich dadurch, daß man ein Zehntel der Tachometeranzeige quadriert. Demnach dürfte ohne Berücksichtigung des Unterschieds zwischen Bremsweg und Anhalteweg die Höchstgeschwindigkeit 100 km/h sein.

Hinweise zur Physik: s. Aufgabe 2

Bearbeitungsvorschlag:
Anhalteweg (U - ungebremst, B - gebremst, s. Gl. (2.5)):

$$r_S = r_U + r_B \,, \tag{3.1}$$

$$r_U = v_0 \, t_U \,, \tag{3.2}$$

$$r_B = v_0^2/(2a) \,. \tag{3.3}$$

Damit ist

$$r_S = v_0 \, t_U + v_0^2/(2a). \tag{3.4}$$

Die Lösung dieser quadratischen Gleichung ist:

$$v_0 = -a \, t_U \pm \sqrt{(a \, t_U)^2 + 2a \, r_S}. \tag{3.5}$$

Zahlenwerte:
$a \, t = 2$ m/s, $a \, r_S = 400$ m^2 s^{-2},
$v_0 = -2$ m/s $+ 28{,}35$ m/s $= 26{,}35$ m/s $= 94{,}9$ km/h

Aufgabe 4: Verspätung

Ein Zug darf eine Baustelle (Länge $s = 250$ m) statt mit der normalen Fahrgeschwindigkeit von $v_0 = 80$ km/h nur mit $v = 30$ km/h passieren. Dazu bremst er vorher mit der Verzögerung $a_V = 0{,}4$ m/s^2 und gewinnt danach die Normalgeschwindigkeit mit der Beschleunigung $a_B = 0{,}25$ m/s^2 wieder.

Frage: Wie groß ist die Verspätung des Zugs?

Lösung:

Hinweise zur Physik: s. Aufgabe 2

Bearbeitungsvorschlag:
Wir berechnen die Zeitdauern für die normale Fahrt t_N und für die durch die Baustelle behinderte Fahrt t_S. Die Differenz $t_S - t_N$ ist die gesuchte Verspätung. Bremsen:

$$v = v_0 - a_V\, t_V, \quad t_V = (v_0 - v)/a_V \; . \tag{4.1}$$

Beschleunigen:

$$v_0 = v + a_B\, t_B, \quad t_B = (v_0 - v)/a_B \; . \tag{4.2}$$

Für die Fahrt durch die Baustelle benötigt der Zug die Zeit $t = s/v$
Also ist

$$t_S = t_V + t_B + t \; . \tag{4.3}$$

Um die Zeit für die normale Fahrt angeben zu können, müssen außer der Baustellenlänge s noch Brems- und Beschleunigungsweg berechnet werden. Bremsen:

$$r_V = v_0\, t_V - a_V\, t_V^2/2 = (v_0^2 - v^2)/(2a_V) \; . \tag{4.4}$$

Beschleunigen:

$$r_B = v\, t_B + a_B\, t_B^2/2 = (v_0^2 - v^2)/(2a_B) \; . \tag{4.5}$$

Der gesamte Weg ist

$$r_S = r_V + r_B + s \; . \tag{4.6}$$

Damit ist die normale Fahrzeit

$$t_N = r_S/v_0 \; . \tag{4.7}$$

Zahlenwerte:
Zeiten: $t_V = 34,7\,\mathrm{s}$, $t_B = 55,6\,\mathrm{s}$, $t = 30,0\,\mathrm{s}$, $t_S = 120,3\,\mathrm{s}$.
Strecken: $r_V = 530\,\mathrm{m}$, $r_B = 849\,\mathrm{m}$, $r_S = 1629\,\mathrm{m}$.
Die normale Fahrzeit ist $t_N = 73,3\,\mathrm{s}$ und die Verspätung $t_S - t_N = 47,0\,\mathrm{s}$.

Aufgabe 5: Aufzug

Ein Aufzug (Masse der Kabine: 250 kg) hat eine "Tragkraft 900 KG" bzw. ist für 12 Personen zugelassen. Er erreicht seine Fahrgeschwindigkeit $v = 1,5$ m/s aus dem Stillstand in der Zeit $t = 1$ s.

Fragen:

1. Welche Kraft F_A ist für den Betrieb des Aufzugs erforderlich, wenn er voll belastet ist und auf- oder abwärts anfährt?

2. Was zeigt dann eine Waage im Aufzug an, auf der ein Körper (Masse $M = 100$ kg) liegt. Was wird angezeigt, wenn der Aufzug abstürzt?

Anmerkung:
Das aus einer Aufzugskabine stammende Zitat im Aufgabentext ist fehlerhaft. Sie wissen natürlich, was gemeint ist und wie es richtig heißen müßte [1]. Im täglichen Leben begegnen Ihnen öfter solche und schlimmere Fehler bei quantitativen Angaben. Sie selbst sollten solche Fehler unbedingt vermeiden.

Hinweise zur Physik:
Dynamisches Kräftegleichgewicht in [GG] Gl. (4.8)

$$\sum_i F_i = -F_T = m\,a\,, \tag{5.1}$$

Trägheitskraft F_T in [GG] Abschn. 3 und 4. Trägheitskräfte treten nur in beschleunigten Bezugssystemen auf. Bei einer Fahrt im Aufzug oder Wagen kann man sie spüren.

Hinweise zur Mathematik:
Vektoren (Addition, Komponenten) in [GG] Abschn. A1

Bearbeitungsvorschlag:
1. Die erste Frage stellt offensichtlich ein außenstehender Beobachter. Für ihn gibt es keine Trägheitskraft. Die Summe der Kräfte F_i setzt sich aus der Gewichtskraft F_G und der gesuchten Zugkraft F_A zusammen. Sie ist die Ursache für die Beschleunigung a:

$$F_A + F_G = m\,a\,. \tag{5.2}$$

---

[1]Gemeint ist die zulässige Belastung mit einer Masse von 900 kg. Eine Kraft müßte die Einheit Newton (N) haben. Die angegebene Einheit KG bedeutet Kelvin Gauß!

$\boldsymbol{F}_A$ wirkt über die Aufhängung der Kabine. Weitere Kräfte werden nicht berücksichtigt. Dann ist mit $\boldsymbol{F}_G = m\,\boldsymbol{g}_n$

$$\boldsymbol{F}_A = m(\boldsymbol{a} - \boldsymbol{g}_n)\,. \tag{5.3}$$

Um die Richtung dieser Kraft zu ermitteln, setzen wir auf der rechten Seite der Gl. (5.3) die Komponenten der Vektoren (+ nach oben, − nach unten) ein. Damit ist

$$F_A = m(g_n \pm a)\,, \tag{5.4}$$

wobei für die beschleunigte Fahrt aufwärts das + und abwärts das − gilt. Für die Fahrt abwärts ist die rechte Seite der Gl. (5.4) positiv, wenn $a < g_n$. Dann ist F_A nach oben gerichtet. Im Fall $a = 0$ (Fahrt mit konstanter Geschwindigkeit oder Stillstand) natürlich auch. $\boldsymbol{F}_A$ kompensiert dann gerade die Gewichtskraft. 2. Die zweite Frage stellt ein Beobachter, der sich innerhalb der Aufzugskabine befindet. Im Fall einer beschleunigten Bewegung stellt er die Trägheitskraft $\boldsymbol{F}_T$ fest. Er mißt sie als Summe von Gewichtskraft $\boldsymbol{F}_G$ und Federkraft $\boldsymbol{F}_F$ der Waage, s. Fig. 5.1.

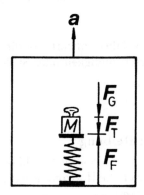

Fig. 5.1 Aufzug mit Federwaage, aufwärts anfahrend

Es ist

$$\boldsymbol{F}_G + \boldsymbol{F}_F = -\boldsymbol{F}_T\,. \tag{5.5}$$

$$\boldsymbol{F}_T = -M\boldsymbol{a}\,, \quad \boldsymbol{F}_G = M\boldsymbol{g}_n \;\rightarrow \tag{5.6}$$

$$\boldsymbol{F}_F = M(\boldsymbol{a} - \boldsymbol{g}_n)\,. \tag{5.7}$$

Diese Kraft wird von der Waage (als Masse) angezeigt. Sie ist, s. Gl. (5.3) und Gl. (5.7), proportional zur Zugkraft F_A :

$$F_F = \frac{M}{m} F_A, \qquad\qquad (5.8)$$

hat also auch die gleiche Richtung. Für die Anzeige A ergibt sich aus Gl. (5.8) und Gl. (5.4)

$$A = F_F/g_n = M(1 \pm a/g_n), \qquad\qquad (5.9)$$

Beim Absturz ist $a = g_n$, also $F_F = 0$. Die Waage zeigt im freien Fall auf Null.

Zahlenwerte:
Die Beschleunigung a wird der Einfachheit halber als konstant angenommen:

$$a = v/t = 1,5 \, \text{m/s}^2.$$

1. Bei voller Belastung ist $m = 1150$ kg, $F_A = 1150$ kg $(9,81 \pm 1,5)$ m/s^2, Anfahrt aufwärts: $F_A = 13,0$ kN, Anfahrt abwärts: $F_A = 9,56$ kN.
2. $F_F = (9,81 \pm 1,5) \cdot 10^2$ N.
Anzeige der Waage:
$A = (100,0 \pm 15,3)$ kg(+ für Anfahrt aufwärts, − für Anfahrt abwärts),
$A = 100$ kg bei konstanter Geschwindigkeit oder Stillstand.

Aufgabe 6: Schiefe Ebene, Reibung

Ein Quader aus Holz liegt auf einer Metallplatte (Länge $\ell = 1,5$ m). Bei Neigung der Platte um den Winkel α gegen die Horizontale wird die Bewegung des Klotzes in Abhängigkeit von α beobachtet:

1. Bis zu einem Winkel $\alpha_1 = 27°$ ruht der Klotz.

2. Bei α_1 beginnt er zu rutschen und bewegt sich konstant beschleunigt in der Zeit $t = 1,4$ s bis zum Ende der Bahn abwärts.

Frage:
Wie groß sind Haftreibungszahl μ_{HR} und Gleitreibungszahl μ_{GR}?

Lösung:

Hinweise zur Physik:
Bewegung mit konstanter Beschleunigung in [GG] Abschn. 5, dynamisches Kräfte-gleichgewicht, s. Aufgabe 5, Reibung zwischen starren Körpern in [GG] Abschn. 2 und [DKV] Abschn. 1.3.3.2.

Haftreibung:
Es gibt eine maximale Zugkraft $\boldsymbol{F}_{\mathrm{MAX}}$, bei der der Klotz noch ruht.

$$\boldsymbol{F}_{\mathrm{MAX}} + \boldsymbol{F}_{\mathrm{HR}} = 0. \tag{6.1}$$

$$F_{\mathrm{HR}} = \mu_{\mathrm{HR}} F_{\mathrm{n}}. \tag{6.2}$$

$\boldsymbol{F}_{\mathrm{HR}}$ heißt Haftreibungskraft. Ihr Beitrag ist proportional zur Kraft F_{n}, die senkrecht zur Auflagefläche wirkt (Normalkraft), und *unabhängig* von der Aufla-gefläche. μ_{HR} ist die Haftreibungszahl, s. Fig. 6.1 a).

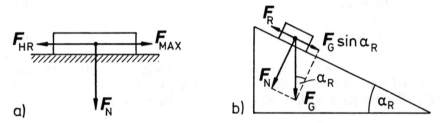

Fig. 6.1 a) Klotz auf starrer Unterlage,   b) Kräftegleichgewicht an der schiefen Ebene
bei Haft- und Gleitreibung ohne Beschleunigung.

Gleitreibung:
Um den Klotz mit konstanter Geschwindigkeit $\boldsymbol{v}$ über die Auflagefläche zu ziehen, ist eine Kraft $\boldsymbol{F}$ erforderlich, die kleiner als $\boldsymbol{F}_{\mathrm{MAX}}$ ist.

$$\boldsymbol{F} + \boldsymbol{F}_{\mathrm{GR}} = 0. \tag{6.3}$$

$$F_{\mathrm{GR}} = \mu_{\mathrm{GR}} \cdot F_{\mathrm{n}}. \tag{6.4}$$

$\boldsymbol{F}_{\mathrm{GR}}$ heißt Gleitreibungskraft. Sie ist *unabhängig* von $\boldsymbol{v}$ und der Auflagefläche. μ_{GR} ist die Gleitreibungszahl.

Hinweise zur Mathematik: s. Aufgabe 5

Bearbeitungsvorschlag:

In Ruhe oder bei unbeschleunigter Bewegung ergibt sich aus dem Kräftegleichgewicht, s. Fig. 6.1 b),

$$F_G \sin \alpha_R - F_R = 0 \qquad (6.5)$$

die Reibungskraft:

$$F_R = F_G \sin \alpha_R. \qquad (6.6)$$

Die Normalkraft ist

$$F_n = F_G \cos \alpha_R. \qquad (6.7)$$

Mit den Gln. (6.6) und (6.7) folgt für die beiden Fälle aus Gl. (6.2) bei Haftreibung (Klotz ruht noch) und aus Gl. (6.4) bei Gleitreibung (Klotz bewegt sich mit konstanter Geschwindigkeit):

$$\mu_{HR} = \tan \alpha_{HR}, \qquad (6.8)$$

$$\mu_{GR} = \tan \alpha_{GR}. \qquad (6.9)$$

Wenn der Klotz mit konstanter Beschleunigung $\boldsymbol{a}$ entlang der schiefen Ebene gleitet, wirkt auf ihn außer der Kraft $\boldsymbol{F}_{GR}$ (unabhängig $\boldsymbol{v}$) auch noch die Trägheitskraft $\boldsymbol{F}_T$. Für das Kräftegleichgewicht erhält man für $\alpha > \alpha_{GR}$

$$F_G \sin \alpha_R - F_{GR} - F_T = 0. \qquad (6.10)$$

Mit den Gln. (6.2), (6.7) und

$$F_T = m\,a \qquad (6.11)$$

folgt:

$$F_G \sin \alpha_R - \mu_{GR} \cdot F_G \cos \alpha_R - ma = 0. \qquad (6.12)$$

Mit $F_G = m\,g_n$ und Gl. (6.9) ergibt sich:

$$\mu_{GR} = \tan \alpha_R - a/(g_n \cos \alpha_R). \qquad (6.13)$$

Im Grenzfall $a = 0$ ist $\alpha_R = \alpha_{GR}$. Die konstante Beschleunigung ist

$$a_1 = 2\ell/t^2. \qquad (6.14)$$

Zahlenwerte:
Die Haftreibungszahl ist nach Gl. (6.8) für $\alpha_{HR} = \alpha_1$: $\mu_{HR} = \tan 27° = 0,51$.
Die Gleitreibungszahl ist nach Gl. (6.13) und Gl. (6.14) mit $\alpha_R = \alpha_1$ und $a = a_1$:
$\mu_{GR} = 0,36 \rightarrow \alpha_{GR} = 20°$.

Aufgabe 7: Schräger Wurf

Ein Körper (1) wird unter einem Winkel α relativ zur Erdoberfläche mit einer Geschwindigkeit v_{10} geworfen. Ein zweiter Körper (2) wird gleichzeitig an einer anderen Stelle mit einer Geschwindigkeit v_{20} geworfen.

Fragen:

1. Gibt es einen Zusammenstoß der Körper, wenn die Geschwindigkeit v_{10} und v_{20} aufeinander zu gerichtet sind?

2. Nach welcher Zeit werden die Körper ggf. zusammenstoßen?

Annahmen:
Die Luftreibung wird vernachlässigt. Die Körper können tief genug fallen.

Lösung:

Hinweise zur Physik:
Bewegung mit konstanter Beschleunigung in [GG] Abschn. 5

Hinweise zur Mathematik:
Vektoren (Komponenten, Projektion) in [GG] Abschn. A1

Bearbeitungsvorschlag:
Es ist zweckmäßig, sich den Aufgabentext durch eine Skizze zu verdeutlichen, s. Fig. 7.1. Wir haben ein rechtwinkliges Koordinatensystem gewählt. Die Normalfallbeschleunigung g_n liegt in negativer y-Richtung. Die Bewegungen in x- und y-Richtung sind voneinander unabhängig. Der Zusammenstoß im Punkt P kann so beschrieben werden, daß sich dort beide Körper zur gleichen Zeit befinden müssen. Wir berechnen die Zeit, nach der sich die beiden Körper am gleichen Ort befinden jeweils auf jeder der beiden Achsen.
x-Achse:

$$x_1(t_x) = x_2(t_x) \,, \tag{7.1}$$

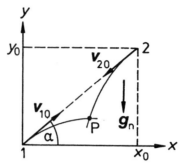

Fig. 7.1 Schräger Wurf zweier Körper

$$x_1(t_x) = t_x\, v_{10}\, \cos\alpha \;, \tag{7.2}$$

$$x_2(t_x) = x_0 - t_x\, v_{20}\, \cos\alpha \;. \tag{7.3}$$

Daraus folgt:

$$t_x = \frac{x_0}{(v_{10} + v_{20})\,\cos\alpha}\;. \tag{7.4}$$

y-Achse:

$$y_1(t_y) = y_2(t_y), \tag{7.5}$$

$$y_1(t_y) = t_y\, v_{10}\, \sin\alpha - g_{\mathrm{n}}\, t_y^2/2 \;, \tag{7.6}$$

$$y_2(t_y) = y_0 - t_y\, v_{20}\, \sin\alpha - g_{\mathrm{n}}\, t_y^2/2 \;. \tag{7.7}$$

Daraus folgt:

$$t_y = \frac{y_0}{\sin\alpha (v_{10} + v_{20})}\;. \tag{7.8}$$

Der Zusammenstoß erfolgt, wenn $t_x = t_y$ ist. Aus den Gln. (7.4) und (7.8) ergibt sich dann

$$\tan\alpha = y_0/x_0\;. \tag{7.9}$$

Diese Beziehung kann aus Fig. (7.1) abgelesen werden. Sie entspricht der Voraussetzung, daß $\boldsymbol{v}_{10}$ und $\boldsymbol{v}_{10}$ aufeinander zu gerichtet sind. Also kommt es zum Zusammenstoß. Die Fallbewegung infolge der Erdanziehung spielt dabei gar keine Rolle. Aus den Gln. (7.4) und (7.8) folgt mit, s. Fig. 7.1,

$$\cos\alpha = \frac{x_0}{\sqrt{x_0^2 + y_0^2}} \;,\quad \sin\alpha = \frac{y_0}{\sqrt{x_0^2 + y_0^2}} \;:$$

$$t_x = t_y = \frac{\sqrt{x_0^2 + y_0^2}}{v_{10} + v_{20}} \, . \qquad (7.10)$$

Das ist die Zeit, nach der sich die beiden Körper auch ohne Fallbeschleunigung getroffen hätten.

Aufgabe 8: Wurfparabel

Ein Zug fährt mit $v = 100$ km/h auf einer Brücke in einer Höhe von $h = 20$ m über einen Fluß. Einer Person am Flußufer soll ein Gegenstand aus dem Zug vor die Füße geworfen werden.

Frage:
In welchem Abstand d vom Flußufer muß der Gegenstand aus dem Zug fallengelassen werden?

Annahme: Die Luftreibung wird vernachlässigt.

Lösung:

Hinweise zur Physik: s. Aufgabe 7

Bearbeitungsvorschlag:
Eine Skizze dient der Erläuterung, s. Fig. 8.1.

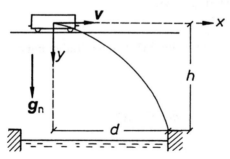

Fig. 8.1 Abwurf von einer Eisenbahnbrücke

Wir haben das rechtwinklige Koordinatensystem so gewählt, daß die x-Achse waagerecht und die y-Achse senkrecht nach unten zeigt. Die Bewegung des Gegenstands ist ein horizontaler Wurf. In x-Richtung bewegt sich der Gegenstand mit konstanter Geschwindigkeit $\boldsymbol{v}$, in y-Richtung fällt er beschleunigt mit $\boldsymbol{g}_n$. Die Bewegungen $x(t)$ und $y(t)$ sind voneinander unabhängig. Durch Eliminieren der Zeit t erhält man die Bahnkurve (Wurfparabel) $y(x)$:

$$x = v\,t, \qquad y = g_n \cdot t^2/2 \;. \tag{8.1}$$

Daraus folgt

$$y = g_n \cdot x^2/(2v^2) \;. \tag{8.2}$$

Beim Aufschlag ist $y = h$ und $x = d$, also:

$$d = v\sqrt{2h/g_n} \;. \tag{8.3}$$

Zahlenwert: $d = 56,1$ m

Aufgabe 9: Kurven

Beim Fahren oder Laufen auf einer horizontalen Fahr- oder Laufbahn treten in Kurven störende Kräfte auf.

a) Ein Auto fährt durch eine Kurve mit dem Krümmungsradius r mit einer konstanten
  – Winkelgeschwindigkeit $\boldsymbol{\omega}$,
  – Geschwindigkeit v.

b) Ein Weltklasse-Sprinter durchläuft eine Stadionkurve.

Fragen:

1. Welche Kräfte stören in der Kurve?

2. Wie können sie beseitigt werden?

Lösung:

Hinweise zur Physik:
Bewegung auf gekrümmten Bahnen, Kreisbewegung, Radialbeschleunigung in
[GG] Abschn. 7.

Hinweise zur Mathematik:
Vektoren (Komponenten, Projektion) in [GG] Abschn. A1

Bearbeitungsvorschlag:
Ein Körper, der sich in einer Kurve bewegt, befindet sich in einem beschleunigten Bezugssystem. Wir betrachten unser Problem der Einfachheit halber als
horizontale Kreisbewegung mit ω = **konst.** oder v = konst. Dann tritt als
Trägheitskraft die Zentrifugalkraft $\boldsymbol{F}_Z$ zusätzlich zur gewohnten Schwerkraft $\boldsymbol{F}_G$
auf. Sie ist von der Drehachse weg, radial nach außen gerichtet und stellt eine
tangential zur Bahnebene wirkende Kraft dar.

1. Der starre Körper (Wagen oder Läufer) wird durch Haftreibung auf der Bahn
gehalten. $\boldsymbol{F}_Z$ wirkt an den Berührungsstellen als Gegenkraft zur Haftreibungskraft $\boldsymbol{F}_{HR}$ (s. Aufgabe 6). Der Körper verliert die Bodenhaftung für $F_Z > F_{HR}$.
$\boldsymbol{F}_Z$ greift auch im Schwerpunkt an und erzeugt wegen des Abstands zwischen
Schwerpunkt und Auflagepunkt ein Kippmoment nach außen, s. Aufgabe 23.

a) Die Insassen eines Autos erfahren eine Kraft, die sie nach außen drückt. Bei
"überhöhter" Geschwindigkeit rutscht ein Auto aus der Kurve bzw. kippt über
eine senkrechte Kante (Bordstein).

b) Ein Läufer oder eine Zweiradfahrerin neigt sich in einer Kurve automatisch
nach innen. Es bleibt das Problem des Wegrutschens.

2. Die störenden, tangential zur Bahnebene wirkenden Kräfte werden durch Neigung vermieden, und zwar entweder durch Neigung der Bahn gegenüber der Horizontalen um einen Winkel α (Fall a)) oder durch Neigung der Körperachse
gegenüber der Senkrechten um einen Winkel α (Fall b)).

Frage: Wie groß muß die Neigung sein?

Bearbeitungsvorschlag:
a) Wir müsssen erreichen, daß in der Bahnebene die Summe der Kräfte Null ist.
Dazu bilden wir die zur Bahnebene tangentialen Komponenten der Zentrifugalkraft $\boldsymbol{F}_Z$ und der Schwerkraft $\boldsymbol{F}_G$.

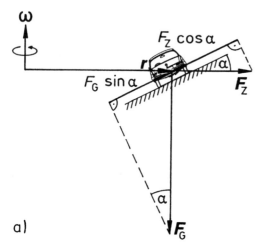 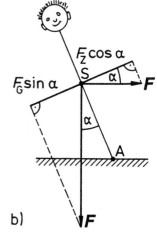

a)

b)

Fig. 9.1 a) Kurvenfahrt

b) Sprinter in der Kurve

Nach Fig. 9.1 a) muß dann gelten:

$$F_G \sin \alpha \;=\; F_Z \cos \alpha \,,$$
$$\tan \alpha \;=\; F_Z/F_G \,. \tag{9.1}$$

α ist der Neigungswinkel der Bahnebene gegenüber der Horizontalen. Für die Zentrifugalkraft benutzen wir die Gln. (7.16) und (7.17) in [GG]:

$$F_Z = m\,\omega^2\,r = m\,v^2/r. \tag{9.2}$$

Mit $F_G = m\,g_n$ wird aus Gl. (9.1) für $\omega = $ konst:

$$\tan \alpha \;=\; \omega^2 \cdot r/g_n \,, \tag{9.3}$$

für $v = $ konst:

$$\tan \alpha \;=\; v^2/(g_n \cdot r) \,. \tag{9.4}$$

b) Der Sprinter kann durch Neigung seiner Körperachse um den Winkel α gegenüber der Senkrechten (s. Fig. 9.1 b)) erreichen, daß keine resultierende Kraft senkrecht zur Körperachse auftritt. Es folgt wieder die Gl. (9.1).

Frage:
Wie muß eine (kreisförmige) Fahrbahnkurve, die mit 1. $\omega = $ **konst.** oder 2. $v = $ **konst.** durchfahren wird, in Abhängigkeit vom Kurvenradius r geneigt sein, damit keine Kräfte tangential zur Bahnebene auftreten?

Bearbeitungsvorschlag:
Die Neigung der Fahrbahn kann aus der Bedingung

$$\tan \alpha = \frac{dy}{dr} \tag{9.5}$$

bestimmt werden, wobei y die "Kurvenüberhöhung" ist. Aus Gl. (9.5) ergibt sich für
1. $\omega = $ konst. mit Gl. (9.3):

$$y_1 = \frac{\omega^2}{g_n} \int_0^r r \, dr = \frac{\omega^2}{2g_n} r^2, \tag{9.6}$$

2. $v = $ konst. mit Gl. (9.4):

$$y_2 = \frac{v^2}{g_n} \int_{r_0}^r \frac{dr}{r} = \frac{v^2}{g_n} \ln \frac{r}{r_0}. \tag{9.7}$$

$y(r)$ ist in Fig. 9.2 dargestellt:
Die Bahnen 1 und 2 sind so gewählt, daß ihre Neigungen nach Gl. (9.5) und Kurvenüberhöhungen, s. Gln. (9.6) und (9.7), bei $r = 300$ m übereinstimmen, s. Zahlenwerte.

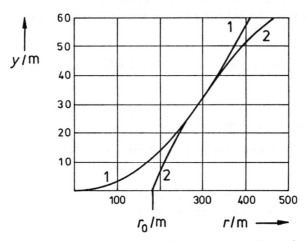

Fig. 9.2 Kurvenüberhöhung y in Abhängigkeit von Kurvenradius r für
    1. $\omega = 8{,}33 \cdot 10^{-2}$ s^{-1},   2. $v = 90$ km/h

Auf der Bahn $\omega =$ konst. (1) kann nicht überholt werden, auf der Bahn $v =$ konst. (2) kann innen überholt werden.

Zahlenwerte:
a) Auto: $v = 90$ km/h, Kurve: $r = 300$ m. Neigung der Bahn nach Gl. (9.4): $\tan \alpha = 0,212 \rightarrow \alpha = 12,0°$.
Winkelgeschwindigkeit: $\omega = v/r = 8,33 \cdot 10^{-2}\mathrm{s}^{-1}$.
Kurvenüberhöhung, s. Fig. 9.2:
1. $\omega =$ konst. Nach Gl. (9.6) $y_1 = v^2/(2g_\mathrm{n}) = 31,9$ m.
2. $v =$ konst. Aus der Bedingung $y_1 = y_2$, s. Gln. (9.6) und (9.7), ergibt sich: $r_0 = r \cdot \exp(-0,5)$.
Für $r = 300$ m ist $r_0 = 182$ m. Bei r_0 ist nach Gl. (9.7) $y_2 = 0$.
b) Sprinter: $v = 10$ m/s, Stadion: Kurvenlänge $\ell = \pi \cdot r = 100$ m.
Nach Gl. (9.4) ist $\tan \alpha = 3,20 \rightarrow \alpha = 17,8°$.

Aufgabe 10: Kunstflug

a) Nach einem senkrechten Sturzflug mit einer Endgeschwindigkeit $v = 510$ km/h wird das Flugzeug durch einen Kurvenflug abgefangen.

b) Das Flugzeug fliegt mit v eine horizontale Wende. Pilot und Material sollen höchstens einer Beschleunigung $a = 8\,g_\mathrm{n}$ ausgesetzt werden.

Frage: Wie groß sind die zulässigen Radien der Kurven?

Lösung:

Hinweise zur Physik: s. Aufgabe 9

Hinweise zur Mathematik: Addition von Vektoren in [GG] Abschn. A1

Bearbeitungsvorschlag:
Die resultierende Beschleunigung setzt sich aus der Zentrifugalbeschleunigung $\boldsymbol{a}_\mathrm{Z}$ und der Erdbeschleunigung $\boldsymbol{g}_\mathrm{n}$ vektoriell zusammen:

$$\boldsymbol{a} = \boldsymbol{a}_\mathrm{Z} + \boldsymbol{g}_\mathrm{n} \, . \tag{10.1}$$

a) Wir nehmen an, daß die Abfangkurve ein Viertelkreis ist, s. Fig. 10.1 a).

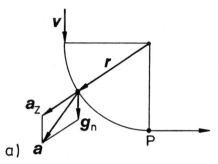 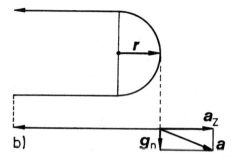

Fig. 10.1 a) Sturzflug   b) Wende, Aufsicht und Seitenansicht

Am Ende der Kurve (Punkt P) wird a am größten sein, weil $\boldsymbol{a}_Z \parallel \boldsymbol{g}_n$:

$$a = a_Z + g_n . \tag{10.2}$$

Aus der Bedingung $a \leq 8\,g_n$ folgt mit $a_Z = v^2/r$:

$$r \geq v^2/(7\,g_n) . \tag{10.3}$$

b) Die Wende soll auf einem Viertelkreis durchflogen werden, s. Fig. 10.1b).

Weil $\boldsymbol{a}_Z \perp \boldsymbol{g}_n$ gilt:

$$a^2 = a_Z^2 + g_n^2 . \tag{10.4}$$

Aus der Bedingung $a \leq 8\,g_n$ folgt mit $a_Z = v^2/r$:

$$r \geq \frac{1}{\sqrt{63}} \cdot \frac{v^2}{g_n} . \tag{10.5}$$

Zahlenwerte: a) Mit Gl. (10.3): $r \geq 292\,\text{m}$, b) Mit Gl. (10.5): $r \geq 258\,\text{m}$.

Aufgabe 11: Schallplatte

Eine Schallplatte wird mit 33 1/3 Umdrehungen pro Minute abgespielt. Der Plattenspieler erreicht diesen Wert 3 Sekunden nach dem Start. Die Spieldauer der Platte beträgt $t_2 - t_1 = 30$ Minuten. Der Anfang der Tonspur hat einen Radius $r_A = 145$ mm, das Ende $r_E = 65$ mm.

Fragen:

1. Welcher Winkel wird während der Anlaufzeit überstrichen? Wieviele Umdrehungen sind das?

2. Wie groß sind die Kreisfrequenz und Umlaufzeit im stationären Betrieb?

3. Wieviele Umdrehungen macht die Platte während der Spieldauer?

4. Wie groß ist die Geschwindigkeit zwischen der Abtastnadel und der Platte?

5. Wie lang ist die Tonspur?

6. Wie groß ist der "Tonspurabstand" in radialer Richtung?

Lösung:

Anmerkung:
Es ist nützlich, sich der Analogie zwischen geradliniger und kreisförmiger Bewegung zu erinnern, s. z.B. [GG] Tab. 12.1, [DKV] Abschn. 1.5.2.4:

Translation	Rotation
Weg s	Winkel φ
Geschwindigkeit $v = \frac{ds}{dt}$	Winkelgeschwindigkeit $\omega = \frac{d\varphi}{dt}$
Beschleunigung $a = \frac{dv}{dt}$	Winkelbeschleunigung $\alpha = \frac{d\omega}{dt}$

Tab. 11.1 Analogie zwischen geradliniger und kreisförmiger Bewegung

Damit können die kinematischen Bewegungsgleichungen ([GG] Gln. (5.3) und (5.6), s.a. Aufgabe 2 für Kreisbewegungen umgeschrieben werden.

Hinweise zur Physik:
Kreisbewegung mit konstanter Beschleunigung in [GG] Abschn. 5 und 7, (Kreis)frequenz in [GG] Abschn. 16.2.

Bearbeitungsvorschlag:
Wir betrachten das Anlaufen des Plattenspielers als Vorgang mit konstanter Winkelbeschleunigung α. Wenn der Plattenspieler seinen stationären Zustand erreicht hat, läuft er mit konstanter Winkelgeschwindigkeit ω_1, die wir dann als Kreisfrequenz

$$\omega_1 = 2\pi f_1 = 2\pi/T_1 \tag{11.1}$$

auffassen können. Die Abtastnadel wird entlang einer spiraligen Tonspur (TS) geführt, s. Fig. 11.1 a). Sie bewegt sich mit der Kreisfrequenz ω_1 und gleichzeitig mit einer konstanten Geschwindigkeit v_R nach innen. Eine solche Kurve ist eine archimedische Spirale.

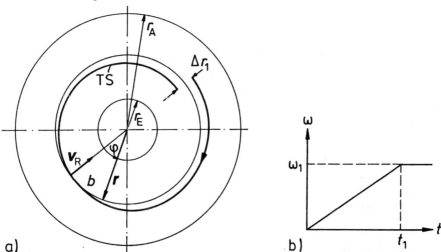

Fig. 11.1 a) Tonspur (TS) auf einer Schallplatte, b) Winkelgeschwindigkeit $\omega(t)$ eines Plattenspielers während der Anlaufzeit.

1. Während der Anlaufphase ($0 \leq t \leq t_1$) ist die Winkelgeschwindigkeit wegen ($\alpha = $ konst.):

$$\omega = \int\limits_0^{t_1} \alpha \, \mathrm{d}t = \alpha \, t. \tag{11.2}$$

Sie nimmt linear mit der Zeit zu und erreicht zur Zeit t_1 einen konstanten Wert ω_1, s. Fig. 11 b).
Dabei wird der Winkel

$$\varphi = \alpha \, t_1^2/2 = \omega_1 \, t_1/2 \tag{11.3}$$

überstrichen.
Eine Umdrehung entspricht dem Winkel $\varphi_1 = 2\pi = 360°$.
2. Im stationären Betrieb ($t_1 \leq t \leq t_2$) läuft die Platte mit der Kreisfrequenz ω_1, der Frequenz f_1 oder Umlaufzeit T_1.
3. Die Anzahl der Umdrehungen ergibt sich direkt aus den Angaben in der Aufgabenstellung.

4. Die Geschwindigkeit v im stationären Betrieb setzt sich zusammen aus der Bahngeschwindigkeit v_B und der konstanten radialen Geschwindigkeit v_R:

$$v_B = \omega_1\, r\,, \tag{11.4}$$

$$v_R = (r_A - r_E)/(t_2 - t_1)\,. \tag{11.5}$$

Wir werden v_R gegenüber v_B in guter Näherung vernachlässigen können.

5. Eine Abschätzung der Länge der Tonspur aus einem mittleren Radius $(r_A + r_E)/2$ und der Anzahl der Umdrehungen aus Frage 3 ergibt das gleiche Ergebnis wie die folgende Betrachtung:
Die Länge der Tonspur ist

$$\ell = \int\limits_{t_1}^{t_2} v \; \mathrm{d}t \approx \int\limits_{t_1}^{t_2} v_B \; \mathrm{d}t. \tag{11.6}$$

Mit Gl. (11.4) ist

$$\ell = \omega_1 \int\limits_{t_1}^{t_2} r(t) \; \mathrm{d}t. \tag{11.7}$$

Es ist

$$r = v_R\, t\,. \tag{11.8}$$

Mit Gl. (11.8) wird aus Gl. (11.7)

$$\ell = \omega_1 v_R \int\limits_{t_1}^{t_2} t \; \mathrm{d}t\,. \tag{11.9}$$

Ausführung der Integration und Einsetzen von v_R aus Gl. (11.5) liefert

$$\ell = \omega_1(t_2 - t_1)\,(r_A + r_E)/2\,. \tag{11.10}$$

6. Während sich die Platte mit ω_1 dreht, überstreicht die Nadel in der Zeit δt den Winkel

$$\delta\varphi = \omega_1\, \delta t \tag{11.11}$$

und läuft dabei mit v_R nach innen um das Stück

$$\delta r = v_R\, \delta t\,. \tag{11.12}$$

Daraus ergibt sich die Beziehung

$$\delta r/\delta \varphi = v_R/\omega_1 \,. \tag{11.13}$$

Für eine Umdrehung ($\delta\varphi = \varphi_1 = 2\pi$) ist dann der gesuchte "Rillenabstand", s. Fig. 11.1 a),

$$\delta r_1 = 2\pi \, v_R/\omega_1 = v_R \, T_1. \tag{11.14}$$

T_1 ist die Zeit für einen Umlauf aus Gl. (11.1). Die letzte Gleichung ist damit auch unmittelbar einsichtig.

Zahlenwerte:
1. Nach Gl. (11.3) ist $\varphi = 5,24 = 300°$. Anzahl der Umdrehungen (1 Umdrehung: $\varphi_1 = 2\pi$):

$$\varphi/\varphi_1 = 5,24/(2\pi) = 300°/360° = 0,833.$$

2. Mit der Angabe 33 1/3 Umdrehungen pro Minute ist nach Gl. (11.1) die Kreisfrequenz $\omega_1 = 3,49 \, \mathrm{s}^{-1}$, die Frequenz $f_1 = 0,556$ Hz und die Zeit für einen Umlauf $T_1 = 1/f_1 = 1,8$ s .
3. 1000 Umdrehungen
4. Nach Gl. (11.4) ist die Bahngeschwindigkeit v_B vom Radius abhängig. Am Anfang ist $\omega_1 \, r_A = 0,506$ m/s, am Ende ist $\omega_1 \, r_E = 0,227$ m/s. Dagegen ist nach Gl. (11.5) $v_R = 4,44 \cdot 10^{-5}$ m/s $\ll v$, so daß $v \approx v_B$ ist.
5. Nach Gl. (11.10) ist $\ell = 660$ m
6. Nach Gl. (11.14) ist $\delta r_1 = 80 \, \mu$m

Aufgabe 12: Drehzahlregler

Die in [GG] Fig. 7.5 und Fig. 7.6 beschriebenen Anordnungen, s. Fig. 12.1 sollen in ihrer Eigenschaft als Regler diskutiert werden.

Frage: Sind die Anordnungen als Regler verwendbar?

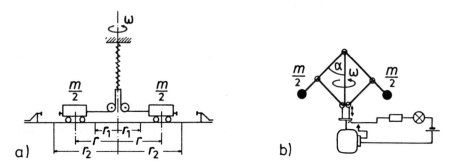

Fig. 12.1 Drehanordnungen, bei denen die Zentrifugalkraft im Gleichgewicht mit einer
a) Federkraft,   b) Schwerkraft steht.

Lösung:

Hinweise zur Physik:
Dynamisches Kräftegleichgewicht bei Kreisbewegungen, Zentrifugalkraft in [GG]
Abschn. 7.

Anmerkung:
Eine Regelung soll dafür sorgen, daß eine physikalisches Größe (Regelgröße) einen
bestimmten Wert annimmt und bei Störungen von außen dieser Wert selbsttätig
wiederhergestellt wird. Dazu muß es ein Signal geben, das in einem gewissen
Bereich z.B. analog und kontinuierlich ist.

Bearbeitungsvorschlag:
Als Regelgröße nehmen wir die Kreisfrequenz ω, als Signalgröße eine Auslenkung y. Aus dem Kräftegleichgewicht berechnen wir die Funktion $y(\omega)$.
a) Das Kräftegleichgewicht zwischen der Zentrifugalkraft $F_T = m\,\omega^2\,r$ und der
Federkraft $F = D\,r$ liefert nur einen einzigen Wert von ω:

$$\omega_0 = (D/m)^{1/2}, \tag{12.1}$$

[GG] Gl. (17.20), der unabhängig von r ist. Das bedeutet, daß bei diese Dreh-
frequenz alle Werte, die aufgrund der Anordnung eingenommen werden können,
möglich sind. Für $\omega < \omega_0$ überwiegt F und zieht die Wagen an den inneren
Anschlag r_1. Für $\omega > \omega_0$ überwiegt F_T und drückt die Wagen an den äußeren Anschlag r_2. Die in Fig. 12.2 a) dargestellt Funktion $r(\omega)$ zeigt, daß eine
Regelung so nicht möglich ist, weil $r(\omega)$ entweder konstant oder nicht eindeutig
ist.

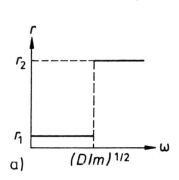
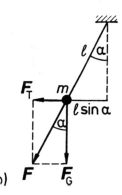

Fig. 12.2 a) Abhängigkeit der Auslenkung r von der Kreisfrequenz ω für die Anordnung
a) in Fig. 12.1,   b) Kräfte an der Anordnung b) in Fig. 12.1.

b) Im Gleichgewicht wird die Kraft F durch eine elastische Kraft in der Stange mit der Länge ℓ kompensiert, s. Fig. 12.2 b).
Es ist

$$F = F_\mathrm{T} + F_\mathrm{G} \tag{12.2}$$

mit

$$F_\mathrm{T} = m\,\omega^2\,\ell \sin\alpha, \quad F_\mathrm{G} = m\,g_\mathrm{n} . \tag{12.3}$$

Aus $F_\mathrm{T}/F_\mathrm{G}$ folgt

$$\frac{\sin\alpha}{\cos\alpha} = \frac{\omega^2\,\ell \sin\alpha}{g_\mathrm{n}}. \tag{12.4}$$

Für $\alpha \neq 0$ folgt daraus

$$\omega^2 = \frac{g_\mathrm{n}}{\ell \cos\alpha}. \tag{12.5}$$

Der kleinste Wert ist für $\cos\alpha = 1$:

$$\omega_0^2 = (g_\mathrm{n}/\ell)^{\frac{1}{2}} . \tag{12.6}$$

Für $\alpha \to 90°$ geht $\omega \to \infty$.
Eine Regelung ist im Bereich $\omega > \omega_0$ möglich. Dort ist $\alpha(\omega)$ eine eindeutige, monoton wachsende Funktion, s. Gl. (12.5) und Fig. 12.3.

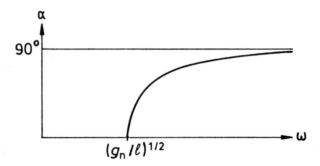

Fig. 12.3 Abhängigkeit der Auslenkung α von der Kreisfrequenz ω für die Anordnung b) in Fig. 12.1

Aufgabe 13: Normfallbeschleunigung

Die Normfallbeschleunigung ist festgelegt:

$$g_{no} = 9,80665 \text{ m/s}^2. \tag{13.1}$$

Wir benutzen einen gerundeten Wert:

$$g_n = 9,81 \text{ m/s}^2. \tag{13.2}$$

Der tatsächliche Wert an der Erdoberfläche wird unter anderem dadurch beeinflußt, daß die Erde rotiert. Der Einfluß der Erdrotation soll unter der Annahme betrachtet werden, daß die Erde kugelförmig (Radius $r_E = 6370$ km) ist.

Fragen:

1. Wie groß ist die relative Abweichung von g_n senkrecht zur Erdoberfläche aufgrund der Erdrotation?
   a) am Äquator,
   b) in Aachen (geographische Breite $50°46'$)?

2. Wie groß ist im Vergleich dazu der relative Rundungsfehler?

Lösung:

Hinweise zur Physik: Zentrifugalkraft in [GG] Gl. (7.16)

Bearbeitungsvorschlag:

1. Die Zentrifugalkraft ist eine Trägheitskraft, die der mitbewegte Beobachter erfährt. Sie wirkt senkrecht zur Rotationsachse nach außen und der Gravitation entgegen. Am Äquator ist sie am größten, am Pol verschwindet sie. Ihre Abhängigkeit von der geographischen Breite φ und ihr Einfluß auf die Gewichtskraft F_G bzw. g_n ergibt sich aus Fig. 13.1:

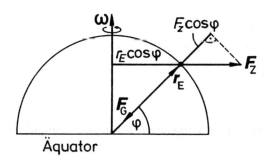

Fig. 13.1 Zentrifugalkraft F_Z an der Erdoberfläche

Von

$$F_Z \equiv m\, g_Z = m\, \omega^2\, r_E \cos\varphi \tag{13.3}$$

wirkt auf g_n nur die radiale Komponente $g_Z \cos\varphi$, so daß die relative Abweichung

$$g_Z \cos\varphi / g_n = \omega^2\, r_E \cos^2\varphi / g_n \tag{13.4}$$

2. Wir bilden den relativen Rundungsfehler

$$(g_{no} - g_n)/g_n \tag{13.5}$$

Dieser Wert ist mit dem aus Gl. (13.4) zu vergleichen.

Anmerkung:
Gelegentlich werden die Angaben von Größenverhältnissen (Quotienten aus Größen gleicher Dimension) in Prozent (%) oder Promille ‰ gemacht. Das bedeutet nichts weiter als die Abspaltung eines Faktors $1\% = 10^{-2}$ oder $1\,‰ = 10^{-3}$.

Zahlenwerte:
1. $\omega = 2\pi/T$ mit $T = 24$ Stunden, $\omega^2\, r_E = 3{,}37 \cdot 10^{-2}\,\mathrm{m\,s^{-2}}$.
Nach Gl. (13.4) ist
a) am Äquator ($\varphi = 0$): $g_Z \cos\varphi / g_n = 3{,}44 \cdot 10^{-3} = 3{,}4\,‰$,

b) in Aachen ($\varphi = 50°46' = 50,77°, \cos\varphi = 0,6325$):
$g_Z \cos\varphi/g_n = 1,37 \cdot 10^{-3} = 1,4 \text{‰}$.
2. Nach Gl. (13.5) ist $(9,81 - 9,80665)/9,80665 = 3,42 \cdot 10^{-4} = 0,3 \text{‰}$.
Verglichen mit dem Einfluß der Erdrotation ist der Rundungsfehler in Aachen
noch nicht erheblich.

Aufgabe 14: Auffahrunfall

Ein Lastwagen (Masse $m_1 = 5000$ kg) fährt mit der Geschwindigkeit
$v_0 = 10$ km/h auf einen ungebremst stehenden Personenwagen
(Masse $m_2 = 1000$ kg) auf und schiebt ihn vor sich her.

Frage:
Wie groß sind die bei diesem Vorgang vorkommenden Impulse und Energien?

Lösung:

Hinweise zur Physik: Impuls und Energie in [GG] Abschn. 8 und 9

Bearbeitungsvorschlag:
Wir nehmen an, daß beide Wagen nach dem Stoß eine gemeinsame Geschwindigkeit u haben *(inelastischer* Stoß). Vor dem Stoß hat nur der Lastwagen den
Impuls

$$p_0 = m_1 v_0 \tag{14.1}$$

und die kinetische Energie

$$W_0 = m_1 v_0^2/2. \tag{14.2}$$

Nach dem Stoß haben der Lastwagen (1) und der Personenwagen (2) Impuls und
Energie.
Der Impuls bleibt erhalten:

$$p_0 = p_1 + p_2. \tag{14.3}$$

Die Energie setzt sich aus den kinetischen Energien der Wagen 1 und 2 und
einem inelastischen Anteil W aufgrund plastischer Verformung, Reibung usw.
zusammen:

$$W_0 = \frac{p_1^2}{2m_1} + \frac{p_2^2}{2m_2} + W . \tag{14.4}$$

Der Fall $W = 0$ heißt *elastischer* Stoß. Die Geschwindigkeit nach dem Stoß ist nach Gl. (14.3)

$$u = \frac{p_0}{m_1 + m_2} = \frac{m_1 v_0}{m_1 + m_2},$$ (14.5)

der inelastische Energieanteil nach Gl. (14.4) mit Gl. (14.5)

$$W = W_0 \left(1 - \frac{m_1}{m_1 + m_2}\right).$$ (14.6)

Dic Impulse sind nach Gl. (14.5)

$$p_1 = m_1\, u = \frac{m_1}{m_1 + m_2}\, p_0,$$ (14.7)

$$p_2 = m_2\, u = \frac{m_2}{m_1 + m_2}\, p_0,$$ (14.8)

die kinetischen Energien mit Gl. (14.2)

$$W_1 = \left(\frac{m_1}{m_1 + m_2}\right)^2 W_0,$$ (14.9)

$$W_2 = \frac{m_1 m_2}{(m_1 + m_2)^2} W_0.$$ (14.10)

Zahlenwerte:
$p_0 = 13{,}9\ \mathrm{kN\,s}$ nach Gl. (14.1), $W_0 = 19{,}3\ \mathrm{kN\,m}$ nach Gl. (14.2).
Mit

$$\frac{m_1}{m_1 + m_2} = \frac{5}{6}\ , \quad \frac{m_2}{m_1 + m_2} = \frac{1}{6}\ , \quad \frac{m_1 m_2}{(m_1 + m_2)^2} = \frac{5}{36}$$

ist nach Gl. (14.7) und Gl. (14.8) $p_1 = \frac{5}{6}p_0$, $p_2 = \frac{1}{6}p_0$,
nach Gl. (14.6) $W = W_0/6$
und nach Gl. (14.9) und Gl. (14.10) $W_1 = \frac{25}{36}W_0$, $W_2 = \frac{5}{36}W_0$.

Aufgabe 15: Förderband

Aus einem Trichter fällt stationär Sand (Massestrom $\delta m/\delta t = 1000$ kg/min) auf ein 1 km langes Förderband, das sich mit der Geschwindigkeit $v = 5$ m/s bewegt.

Fragen:

1. Welche Kraft und welche Leistung sind nötig, um das Band auf der konstanten Geschwindigkeit $v = 5$ m/s zu halten?

2. Welche Kraft und welche Leistung sind in Abhängigkeit von der Zeit zusätzlich nötig, wenn das Band so geneigt ist, daß sein Ende 10 m höher als der Anfang liegt? Zur Zeit $t = 0$ soll das Band leer sein.

Lösung:

Hinweise zur Physik:
Impulserhaltung in [GG] Abschn. 8, Arbeit, Energie, Leistung in [GG] Abschn. 9.

Bearbeitungsvorschlag:
1. Der Sand fällt senkrecht von oben auf das Band, das dadurch mit der Masse m belegt ist und sich mit konstanter Geschwindigkeit v bewegt. Beim Auftreffen einer Sandmenge mit δm in der Zeit δt findet ein inelastischer Stoß mit der vom Antriebsmotor bewirkten Impulsänderung

$$\delta p = \delta m \cdot v$$

statt, s. Fig. 15.1 a). Daraus ergeben sich die Kraft

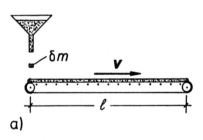

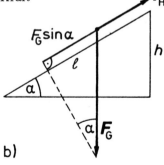

a)

b)

Fig. 15.1 Förderband: a) waagerecht,   b) geneigt.

$$F = \delta p / \delta t = (\delta m / \delta t) \cdot v \qquad (15.1)$$

und die Antriebsleistung

$$P = F \cdot v = (\delta m / \delta t)\, v^2 . \qquad (15.2)$$

Die Arbeit des Motors δW_{A} erzeugt die kinetische Energie δW_{KIN} und den inelastischen Anteil δW:

$$\delta W_{\mathrm{A}} = \delta W_{\mathrm{KIN}} + \delta W .$$ (15.3)

Daraus wird mit

$$\delta W_{\mathrm{A}} = P \cdot \delta t$$ (15.4)

und

$$\delta W_{\mathrm{KIN}} - \delta m \cdot v^2/2 :$$ (15.5)

$$\delta W = P \cdot \delta t - \delta m \, v^2/2$$ (15.6)

und mit Gl. (15.2)

$$\delta W = P \cdot \delta t/2 = \delta W_{\mathrm{A}}/2$$ (15.7)

Die Arbeit des Motors δW_A wird also zur Hälfte (δW) über den inelastischen Stoßprozeß schließlich in Wärme verwandelt, die andere Hälfte (δW_{KIN}) ist die kinetische Energie des Sandes.

2. Die zusätzliche Kraft, um den Sand anzuheben, ergibt sich aus Fig. 15.1 b):

$$F_{\mathrm{H}} = F_{\mathrm{G}} \sin \alpha = \frac{h}{\ell} F_{\mathrm{G}} .$$ (15.8)

Solange das Band noch nicht voll ist ($0 \leq t < t_1$), gilt

$$F_{\mathrm{H}}(t) = \frac{h}{\ell} \, g_{\mathrm{n}} \cdot m(t) = \frac{h}{\ell} \, g_{\mathrm{n}} \cdot \frac{\delta m}{\delta t} \cdot t .$$ (15.9)

Nach der Zeit

$$t_1 = \ell/v$$ (15.10)

wird es gefüllt sein.

Für $t \geq t_1$ (stationärer Betrieb) ist

$$F_{\mathrm{H}} = \frac{h}{\ell} \, g_{\mathrm{n}} \cdot \frac{\delta m}{\delta t} \cdot t_1 .$$ (15.11)

Die entsprechenden zusätzlichen Leistungen ergeben sich aus den Gln. (15.9) und (15.11) durch Multiplikation mit v. Die Hubleistung im stationären Betrieb ($t \geq t_1$) ist demnach mit Gl. (15.10)

$$P_{\mathrm{H}} = \frac{h}{\ell} \, g_{\mathrm{n}} \, \frac{\delta m}{\delta t} \cdot t_1 \cdot v = h \, g_{\mathrm{n}} \cdot \frac{\delta m}{\delta t} .$$ (15.12)

Zahlenwerte:

1. Horizontales Förderband:
Kraft nach Gl. (15.1) $F = 83,3$ N, Leistung nach Gl. (15.2) $P = 417$ W

2. Geneigtes Förderband:
Neigung $\sin \alpha = h/\ell = 10^2$, Füllzeit nach Gl. (15.10) $t_1 = 200$ s, Kraft und Leistung für $0 \leq t < t_1$ nach Gl. (15.9) $F_H(t) = 1,64$ (N/s) $\cdot t$,
$P_H(t) = 8,18$ (W/s) $\cdot t$, und im stationären Betrieb ($t \geq t_1$), s. Gln. (15.11) und (15.12), $F_H = 327$ N, $P_H = 1,64$ kW.

Aufgabe 16: Geschoßgeschwindigkeit

Ein Geschoß (Masse $m_1 = 3$ g, Geschwindigkeit v_1) bleibt in einer sandgefüllten Kiste (Masse $m_2 = 2$ kg) stecken. Die Kiste hängt an einem Seil, so daß sie pendeln kann. Sie wird durch den Geschoßeinschlag aus ihrer Ruhelage so ausgelenkt, daß sich ihr Schwerpunkt um $h = 1$ cm hebt.

Fragen:

1. Wie groß ist v_1?

2. Welcher Anteil der Geschoßenergie wird in Hubarbeit umgesetzt?

Lösung:

Hinweise zur Physik:
Impulserhaltung in [GG] Abschn. 8, Arbeit, Energie in [GG] Abschn. 9. Inelastischer Stoß, s. Aufgaben 14 und 15.

Bearbeitungsvorschlag:
Die Impulserhaltung ergibt

$$m_1 \, v_1 = (m_1 + m_2) v_2 . \tag{16.1}$$

Für die Energie gilt

$$W_0 = m_1 \, v_1^2/2 = (m_1 + m_2) \, v_2^2/2 + W . \tag{16.2}$$

Der erste Term auf der rechten Seite von Gl. (16.2) ist die kinetische Energie nach dem Stoß. Sie wird in Hubarbeit W_A umgewandelt:

$$W_A = (m_1 + m_2) \, g_n h = (m_1 + m_2) \, v_2^2/2 . \tag{16.3}$$

W ist die Verformungsarbeit, die als Wärme verlorengeht.

1. Aus Gl. (16.1) folgt

$$v_1 = \frac{m_1 + m_2}{m_1} \cdot v_2 \,, \tag{16.4}$$

aus Gl. (16.3) folgt

$$v_2 = (2 \, g_\mathrm{n} h)^{1/2} \,. \tag{16.5}$$

Mit Gl. (16.4) und Gl. (16.5) folgt

$$v_1 = \frac{m_1 + m_2}{m_1} (2 \, g_\mathrm{n} h)^{1/2} \,. \tag{16.6}$$

2. Wir berechnen das Verhältnis

$$\frac{W_\mathrm{A}}{W_0} = \frac{(m_1 + m_2) \, v_2^2}{m_1 \cdot v_1^2} = \frac{m_1}{m_1 + m_2} \,. \tag{16.7}$$

Dabei haben wir die Gln. (16.3) und (16.4) benutzt.

Zahlenwerte:

$$\frac{m_1}{m_1 + m_2} = 1,5 \cdot 10^{-3} \,.$$

1. $v_1 = 296$ m/s nach Gl. (16.6), 2. $W_\mathrm{A}/W_0 = 1,5$ ‰ nach Gl. (16.7).

Aufgabe 17: Ballistisches Pendel

Ein Geschoß (Masse $m_1 = 3$ g, Geschwindigkeit v_1) bleibt in einer sandgefüllten Kiste (Masse $m_2 = 2$ kg) stecken. Die Kiste hängt an einem Seil, so daß sie ein Fadenpendel mit der Länge $\ell = 4$ m darstellt, s. Fig. 17.1. Aufgrund des Geschoßeinschlags bewegt sie sich mit der Geschwindigkeit v_2. Es wird ein Stoßausschlag des Pendels $s_0 = 28,3$ cm gemessen.

Fragen:

1. Wie groß sind v_1 und v_2?

2. Wie ist der Zusammenhang zu der Gl. (16.5) für v_2?

Lösung:

Hinweise zur Physik:
Inelastischer Stoß in [GG] Abschn. 9, Fadenpendel in in [GG] Abschn. 16,
s. Aufgabe 16.

Hinweise zur Mathematik:
Reihenentwicklung der Funktion $\cos x$ in [GG] Gl. (A4.4)

Anmerkung:
Der Stoßausschlag s_0 ist leichter zu messen als die Anhebung h des Schwerpunkts,
die in Aufgabe 16 vorgegeben war. Wenn wir die Pendeleigenschaften benutzen,
können wir einen Zusammenhang zwischen s_0 und der Anfangsgeschwindigkeit
v_2 nach dem Stoß herleiten. Wir müssen voraussetzen, daß die Stoßdauer klein
im Vergleich zur Schwingungsdauer des Pendels ist. Unter dieser Voraussetzung
ist ein Stoßpendel zur Messung der Geschwindigkeit v_1 geeignet.

Bearbeitungsvorschlag:
1. Den Zusammenhang zwischen v_1 und v_2 haben wir schon in Aufgabe 16 her-
geleitet, s. Gl. (16.4). Zur Herleitung von v_2 benutzen wir die Pendelschwingung

$$\varphi = \varphi_0 \cdot \sin(\omega_0 t) \tag{17.1}$$

mit, s. [GG] Gln. (16.29), (16.30),

$$\omega_0 = \frac{2\pi}{T_0} = \sqrt{\frac{g_\mathrm{n}}{\ell}} \, . \tag{17.2}$$

Für die Winkelgeschwindigkeit ergibt sich durch zeitliche Ableitung von
Gl. (17.1)

$$\dot{\varphi} = \omega_0 \, \varphi_0 \cdot \cos(\omega_0 t) \, . \tag{17.3}$$

Zum Zeitpunkt des Stoßes $(t = 0)$ ist

$$\dot{\varphi} = \omega_0 \, \varphi_0 \tag{17.4}$$

und damit die Anfangsgeschwindigkeit

$$v_2 = \dot{\varphi} \cdot \ell \, . \tag{17.5}$$

Mit, s. Fig. 17.1,

$$\varphi_0 = s_0/\ell \tag{17.6}$$

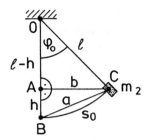

Fig. 17.1 Ballistisches Pendel

folgt aus Gl. (17.5) mit Gl. (17.4) und Gl. (17.2)

$$v_2 = \omega_0\,\varphi_0\,\ell = \omega_0\,s_0 = (g_\mathrm{n}/\ell)^{1/2} s_0 \,.$$ (17.7)

2. Der Vergleich von Gl. (17.7) mit Gl. (16.5) ergibt

$$s_0^2 = 2\,\ell\,h \,.$$ (17.8)

Die Herleitung von Gl. (17.8) aus Fig. 17.1 ist möglich, wenn der Bogen s_0 durch die Sehne a ersetzt wird. Es ist im $\triangle$ OAC (Pythagoras)

$$\ell^2 = b^2 + (\ell - h)^2$$ (17.9)

und im $\triangle$ ABC (Pythagoras)

$$a^2 = b^2 + h^2 \,.$$ (17.10)

Aus den Gln. (17.9) und (17.10) folgt durch Elimination von b^2

$$a^2 = 2\,\ell\,h \,.$$ (17.11)

Die Bestimmung der Geschwindigkeit v_2 aus Gl. (17.7) wird also für $\varphi_0 \ll 1$ eine gute Näherung sein, denn dann ist $a \approx s_0$.

Zahlenwerte:
1. Nach Gl. (17.2) ist $\omega_0 = 1,57\ \mathrm{s}^{-1}$, $T_0 = 4,01\ \mathrm{s}$,
nach Gl. (17.7) ist $v_2 = 0,443\ \mathrm{m/s}$.
Nach Gl. (16.4) ist $v_1 = 296\ \mathrm{m/s}$ wie in Aufgabe 16.

Aufgabe 18: Pumpspeicherkraftwerk

Mit der zu verbrauchsarmen Zeiten nutzlosen elektrischen Energie wird Wasser in ein höher gelegenes großflächiges Vorratsbecken gepumpt. Die im Wasser gespeicherte potentielle Energie kann bei Bedarf wieder zur Stromerzeugung verwendet werden. Im Pumpspeicherwerk Vianden (Luxemburg) kann durch 2 Rohre von je 6 m Durchmesser Wasser (Volumen $V = 5{,}4 \cdot 10^6\,\mathrm{m}^3$) innerhalb von $t = 8$ Stunden um $h = 270$ m hochgepumpt werden.

Frage:
Wie groß ist der Energieverlust, der allein dadurch entsteht, daß das Wasser mit der Geschwindigkeit v durch die Rohre in das obere Becken gepumpt werden muß und dort wieder zur Ruhe kommt?

Lösung:

Hinweise zur Physik:
Potentielle und kinetische Energie in [GG] Abschn. 9

Anmerkung:
Die Verluste bei der Umwandlung von elektrischer in mechanische Energie durch Motor und Pumpe und bei der Rückwandlung durch Turbine und Generator sowie die Reibungsverluste bei der Strömung durch die Rohre sollen nicht berücksichtigt werden.

Bearbeitungsvorschlag:
Durch die Arbeit beim Hochpumpen bekommt das Wasser die potentielle Energie

$$W_\mathrm{P} = m \cdot g_\mathrm{n} \cdot h \tag{18.1}$$

und die kinetische Energie

$$W_\mathrm{K} = m\,v^2/2 = V \rho\, v^2/2 \,. \tag{18.2}$$

Annahme:
Das obere Becken ist so großflächig, daß $h =$ konst. eine gute Näherung ist.
Da das Wasser im oberen Becken zur Ruhe kommt, geht W_K verloren. Die Strömungsgeschwindigkeit in den Rohren ist

$$v = V/(2\,A\,t) \tag{18.3}$$

mit dem Rohrquerschnitt $A = \pi r^2$.
Der Energieverlust ist W_K, bezogen auf die ursprüngliche Energie

$$\frac{W_\mathrm{K}}{W_\mathrm{P} + W_\mathrm{K}} = \left(\frac{2\,g_\mathrm{n} h}{v^2} + 1 \right)^{-1} \tag{18.4}$$

und bezogen auf die nutzbare Energie

$$\frac{W_\mathrm{K}}{W_\mathrm{P}} = \frac{v^2}{2\, g_\mathrm{n} h}\,. \tag{18.5}$$

Zahlenwerte:
Strömungsgeschwindigkeit nach Gl. (18.3) $v = 3{,}316$ m/s.
Verlust nach Gl. (18.2) mit $\rho = 10^3$ kg $\cdot \mathrm{m}^{-3}$: $W_\mathrm{K} = 2{,}97 \cdot 10^{10}$ J.
Mit $2\, g_\mathrm{n} h / v^2 = 481{,}8$ wird der relative Verlust nach Gl. (18.4) und auch nach
Gl. (18.5) 2,1 ‰ .

Aufgabe 19: Arbeit und Energie beim schrägen Wurf

An einem Körper (Masse m), der mit der Geschwindigkeit $\boldsymbol{v}_0$ unter einem Winkel α gegenüber der Horizontalen an der Erdoberfläche geworfen wird, wird durch die Erdanziehung die Arbeit W_A verrichtet. Der Körper besitzt während des Fluges kinetische (W_K) und potentielle (W_P) Energie.

Fragen:

1. Wie groß ist die Arbeit W_A?

2. Wie hängen W_K und W_P von der Zeit t ab?

Annahme: Die Luftreibung wird vernachlässigt.

Lösung:

Hinweise zur Physik: Arbeit, Energie in [GG] Abschn. 9

Hinweise zur Mathematik: Vektoren, skalares Produkt in [GG] A1

Bearbeitungsvorschlag:
Wir beschreiben den Vorgang in einem xy-Koordinatensystem, s. Fig. 19.1. Zur Beschreibung benutzen wir die Vektorgrößen mit ihren Komponenten:
Weg

$$\boldsymbol{s}(t) = (x, y)\,, \tag{19.1}$$

Geschwindigkeit

$$\boldsymbol{v}(t) = \dot{\boldsymbol{s}}(t) = (v_0 \cos \alpha,\ v_0 \sin \alpha - g_\mathrm{n} t)\,, \tag{19.2}$$

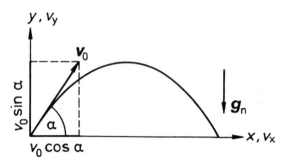

Fig. 19.1 Schräger Wurf

Beschleunigung

$$\boldsymbol{g}_\mathrm{n}(t) = \ddot{\boldsymbol{s}}(t) = (0, -g_\mathrm{n})\,. \tag{19.3}$$

Die Arbeit ist nach [GG] Gl. (9.2)

$$W_\mathrm{A} = \int_{s_1}^{s_2} \boldsymbol{F}_\mathrm{A} \cdot \mathrm{d}\boldsymbol{s}\,, \tag{19.4}$$

wobei die von außen aufgewendete Kraft

$$\boldsymbol{F}_\mathrm{A} = -\boldsymbol{F}_\mathrm{G} = -m\,\boldsymbol{g}_\mathrm{n} \tag{19.5}$$

ist. Weil $\boldsymbol{g}_\mathrm{n}$ nur eine y-Komponente $-g_\mathrm{n}$ hat, werden wir wegen des skalaren Produkts in Gl. (19.4) auch nur in y-Richtung einen Beitrag bekommen. Außerdem wandeln wir das Wegintegral mit

$$\mathrm{d}\boldsymbol{s} = \boldsymbol{v} \cdot \mathrm{d}t \tag{19.6}$$

in ein Zeitintegral um:

$$W_\mathrm{A} = m \cdot g_\mathrm{n} \int_0^t v_y\,\mathrm{d}t\,, \tag{19.7}$$

Die Arbeit ist zeitabhängig. Einsetzen von v_y aus Gl. (19.2) in Gl. (19.7) und Integration liefert

$$W_\mathrm{A}(t) = m\,g_\mathrm{n}\,t(v_0 \sin \alpha - g_\mathrm{n}\,t/2)\,. \tag{19.8}$$

Die Wurfzeit T erhält man aus der Bedingung $y(T) = 0$, s. Fig. 19.1. Nach Integration von v_y in Gl. (19.2) ist

$$y(t) = v_0 t \sin \alpha - g_n t^2/2 \qquad (19.9)$$

und damit

$$T = 2(v_0/g_n) \sin \alpha . \qquad (19.10)$$

Am Ende des Wurfs $(t = T)$ ist $W_A(T) = 0$, wie man sich durch Einsetzen von Gl. (19.10) in Gl. (19.8) überzeugen kann. Dieses Ergebnis ist nicht überraschend, wenn wir daran denken, daß wir W_A auch als potentielle Energie W_P des geworfenen Körpers ansehen können:

$$W_P(t) = W_A(t) . \qquad (19.11)$$

Für die Berechnung der kinetischen Energie benutzen wir, daß

$$v^2 = v_x^2 + v_y^2 \qquad (19.12)$$

und, s. Fig. 19.1,

$$v_0^2 = v_0^2 \cos^2 \alpha + v_0^2 \sin^2 \alpha \qquad (19.13)$$

ist. Damit und mit Gl. (19.2) ist

$$W_K(t) = m v^2/2 = m(v_0^2 - 2v_0 \sin \alpha\, g_n t + g_n^2 t^2)/2 . \qquad (19.14)$$

Durch Addition von Gl. (19.8) und Gl. (19.14) können wir bestätigen, daß die Energie erhalten bleibt:

$$W_P(t) + W_K(t) = m v_0^2/2 = W_0 . \qquad (19.15)$$

Wir wollen die Zeitverläufe von W_P und W_K noch graphisch darstellen. $W_P(t)$ und $W_K(t)$ sind Parabeln, die man in die Form

$$\frac{W_P}{W_0} = -4 \left(\frac{t}{T} - \frac{1}{2} \right)^2 \cdot \sin^2 \alpha + \sin^2 \alpha \qquad (19.16)$$

und

$$\frac{W_K}{W_0} = +4 \left(\frac{t}{T} - \frac{1}{2} \right)^2 \cdot \sin^2 \alpha + \cos^2 \alpha \qquad (19.17)$$

umrechnen kann. Durch die Wahl der reduzierten Variablen W/W_0 und t/T wird die Darstellung (Fig.19.2) unabhängig von den speziellen Versuchsbedingungen. Der Wurfwinkel α ist als Parameter enthalten.

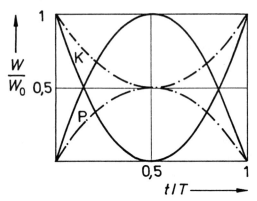

Fig. 19.2 Zeitabhängigkeit von potentieller (P) und kinetischer (K) Energie beim senkrechten Wurf —— ($\alpha = 90°$) und bei einem schrägen Wurf — · — · — ($\alpha = 45°$)

Aufgabe 20: Weltraumfahrt

Ein Flugkörper muß in der Nähe der Erdoberfläche eine bestimmte Anfangsgeschwindigkeit v haben, um

1. auf einer Kreisbahn um die Erde zu fliegen,

2. das Schwerefeld der Erde zu verlassen.

Frage: Wie groß sind diese Geschwindigkeiten?

Annahmen: Keine Reibung, Erdradius $r_E = 6370$ km.

Lösung:

Hinweise zur Physik:
Kreisbewegung [GG] Abschn. 7, Gravitationsfeldstärke in [GG] Abschn. 10.

Bearbeitungsvorschlag:
Das Gravitationsfeld der Erde kann durch die Feldstärke $g(r)$ beschrieben werden, die auf die Masse m eines Körpers wirkt. Sie erzeugt die Gewichtskraft

$$\boldsymbol{F}_G(r) = m \, \boldsymbol{g}(r) \; . \tag{20.1}$$

1. An der Erdoberfläche ist

$$\boldsymbol{F}_G = m \, \boldsymbol{g}_n \; . \tag{20.2}$$

Aus dem Kräftegleichgewicht zwischen der Gewichtskraft F_G und der Zentrifugalkraft ergibt sich, s. [GG] Gl. (7.28),

$$v_1 = (g_n\, r_E)^{1/2}\,. \tag{20.3}$$

2. Das Gravitationsgesetz, s. [GG] Gl. (10.19), liefert für den Betrag der Gravitationsfeldstärke

$$g(r) = G\, m_E/r^2\,, \tag{20.4}$$

G - Gravitationskonstante, m_E - Erdmasse. An der Erdoberfläche ($r = r_E$) ist

$$g_n = G\, m_E/r_E^2\,. \tag{20.5}$$

Wir können die Fluchtgeschwindigkeit v_2 berechnen, indem wir die Hubarbeit W_A gleich der kinetischen Energie $m\, v_2^2/2$ setzen. Die Hubarbeit ist

$$W_A = \int_{r_E}^{\infty} \boldsymbol{F}_A\, d\boldsymbol{r} = -\int_{r_E}^{\infty} \boldsymbol{F}_G\, d\boldsymbol{r} = -m \int_{r_E}^{\infty} \boldsymbol{g}\, d\boldsymbol{r}\,. \tag{20.6}$$

Mit Gl. (20.6) und $\boldsymbol{g} = (0,0,-g_n)$ ist

$$W_A = m\, G\, m_E \int_{r_E}^{\infty} \frac{dr}{r^2}\,. \tag{20.7}$$

Nach Integration ist

$$W_A = m\, G\, m_E/r_E = m\, g_n\, r_E\,. \tag{20.8}$$

Damit wird

$$v_2 = (2\, g_n\, r_E)^{1/2}\,. \tag{20.9}$$

Zahlenwerte:
1. Nach Gl. (20.3) ist $v_1 = 7,9\,\mathrm{km/s}$. 2. Nach Gl. (20.9) ist $v_2 = 11,2\,\mathrm{km/s}$.

Aufgabe 21: Elastischer Stoß

Ein Körper (Masse m_1, Geschwindigkeit $\boldsymbol{v}_1$) stößt elastisch auf einen ruhenden Körper (Masse $m_2 \gg m_1$). Die Richtung von $\boldsymbol{v}_1$ soll entlang der Verbindungslinie der beiden Schwerpunkte liegen, s. Fig. 21.1.

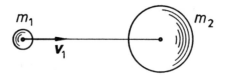

Fig. 21.1 Elastischer Stoß

Frage: Wie groß sind Impuls- und Energieübertrag?

Lösung:

Hinweise zur Physik:
Impuls in [GG] Abschn. 8, kinetische Energie, elastischer Stoß in [GG] Abschn. 9.

Anmerkung:
Beim elastischen Stoß bleibt im Unterschied zum inelastischen Stoß, s. Aufgaben 14, 15, 16, die mechanische Energie erhalten.

Bearbeitungsvorschlag:
Wir bezeichnen die Geschwindigkeiten vor dem Stoß mit v und nach dem Stoß mit u. Die Impulserhaltung, s. [GG] Gl. (8.11) liefert

$$m_1\, v_1 = m_1\, u_1 + m_2\, u_2 \; . \tag{21.1}$$

Die Energieerhaltung, s. [GG] Gl. (9.3), liefert, weil hier nur kinetische Energie, s. [GG] Gl. (9.10), vorkommt,

$$m_1\, v_1^2 = m_1\, u_1^2 + m_2\, u_2^2 \; . \tag{21.2}$$

Aus den Gln. (21.1) und (21.2) läßt sich der Impulsübertrag

$$p_2 = m_2\, u_2 = \frac{2\, m_1\, v_1}{1 + (m_1/m_2)} \tag{21.3}$$

und der Energieübertrag

$$W_2 = p_2^2/(2\, m_2) \tag{21.4}$$

berechnen.
Im Grenzfall $m_1/m_2 \ll 1$ ist der Impulsübertrag nach Gl. (21.3)

$$p_2 = 2\, m_1\, v_1 = 2\, p_1 \tag{21.5}$$

und der Energieübertrag nach Gl. (21.4)

$$W_2 = 2\, v_1^2\, m_1^2/m_2 = 0 \qquad\qquad (21.6)$$

Dieser Grenzfall beschreibt den senkrechten elastischen Stoß eines kleinen Teilchens gegen eine Wand, z.B. beim Ballspiel oder den Stoß eines Gasteilchens gegen die Gefäßwand. Das stoßende Teilchen hat nach dem Stoß den Impuls, s. Gl. (21.1),

$$m_1\, u_1 = -m_1\, v_1\,, \qquad\qquad (21.7)$$

d.h. es wird "reflektiert". Dabei verliert es keine Energie.

Aufgabe 22: Modell für ein Molekül

Die Wechselwirkung zwischen den Atomen eines zweiatomigen Moleküls kann näherungsweise durch das sogenannte *Lennard-Jones-Potential*

$$W(x) = \frac{a}{x^{12}} - \frac{b}{x^6} \qquad\qquad (22.1)$$

beschrieben werden, wobei x der Abstand zwischen den Atomen und a, b positive Konstanten sind. Dieses Potential ist geeignet, die Wechselwirkungen von Edelgasatomen zu beschreiben. Für Argon ist z.B. $a = 1{,}50 \cdot 10^{-134}$ J m^{12}, $b = 1{,}03 \cdot 10^{-77}$ J m^6.

Fragen:

1. Wie sieht $W(x)$ graphisch aus, und was veranschaulicht diese Darstellung?

2. Bei welchen Werten x_0 und x_M liegen Nullstelle und Minimum des Potentials?

3. Wie sieht die abstandsabhängige Kraft $F(x)$ zwischen den Atomen aus?

4. Welche Arbeit W_A muß aufgewendet werden, um die Atome voneinander zu trennen?

5. Wie sieht das Potential aus, wenn in Gl. (22.1) die unanschaulichen Konstanten a, b durch die Größen x_M und W_A ersetzt werden?

Lösung:

Hinweise zur Physik: Kraft, Potential in [GG] Abschn. 10

Bearbeitungsvorschlag:
1. Die Potentialfunktion Gl. (22.1) besteht aus zwei Potenzfunktionen. Die erste Funktion ist positiv. Sie beschreibt die Abstoßung und überwiegt bei kleinen Abständen der Atome. Die zweite Funktion ist negativ. Sie beschreibt eine Anziehung und überwiegt bei großen Abständen. Die Addition der beiden Funktionen ergibt die potentielle Energie eines Atoms in Bezug auf das andere, s. Fig. 22.1.

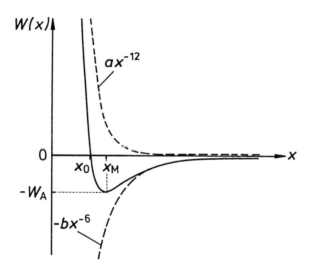

Fig. 22.1 Potentialfunktion für ein zweiatomiges Molekül.

Die Kurve $W(x)$ können wir uns als Mulde vorstellen, in der eins der Atome als kleine Kugel in Bezug auf das zweite, das wir uns bei $x = 0$ festgehalten denken, beweglich ist. Ohne kinetische (thermische) Energie wird es die Ruhelage x_M einnehmen (Modell für den Kernabstand). Wenn kinetische (thermische) Energie vorhanden ist, wird es sich pendelartig in der Mulde bewegen. Wegen der Unsymmetrie der Mulde wird es sich dann im zeitlichen Mittel in einem Abstand größer als x_M vom ersten Atom aufhalten (Modell für die thermische Ausdehnung). Wenn die kinetische Energie größer als die Muldentiefe W_A wird, sind die Atome nicht mehr gebunden (Maß für die Bindungsenergie).

2. Wir bilden, s. Gl. (22.1), $W(x_0) = 0$ und erhalten

$$x_0 = (a/b)^{1/6} \tag{22.2}$$

und eine zweite Nullstelle für $x \to \infty$. Das Minimum erhalten wir durch Differenzieren von Gl. (22.1) und die Bedingung $dW/dx = 0$:

$$x_M = (2a/b)^{1/6} . \tag{22.3}$$

3. Die Kraft zwischen den Atomen ist der negative Gradient des Potentials, s. [GG] Gl. (10.2). Wir berechnen also die Kraft aus dem Potential, Gl. (22.1):

$$F(x) = -\frac{dW}{dx} = 12\,a\,x^{-13} - 6\,b\,x^{-7} . \tag{22.4}$$

Diese Funktion ist in Fig. 22.2 dargestellt. Für $x < x_M$ ist die Kraft positiv (Abstoßung), für $x > x_M$ negativ (Anziehung).
Wir erwarten, daß bei x_M die Kraft 0 ist und können das mit Gl. (22.4) bestätigen.

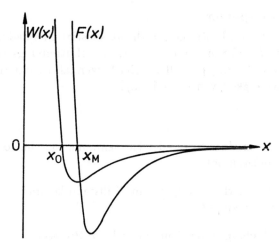

Fig. 22.2 Kraft $F(x)$ und Potential $W(x)$ für ein zweiatomiges Molekül.

4. Die Arbeit für die Trennung der Atome ist

$$W_A = W(\infty) - W(x_M) = -W(x_M) , \tag{22.5}$$

weil $W(\infty) = 0$. Daraus ergibt sich mit den Gln. (22.1) und (22.3)

$$W_A = b^2/(4a) . \tag{22.6}$$

Diese Größe ist das energetische Maß für die Stärke der Bindung.

5. Aus den Gln. (22.3) und (22.6) bekommen wir

$$a = W_A \, x_M^{12} \, , \tag{22.7}$$

$$b = 2 \, W_A \, x_M^6 \, . \tag{22.8}$$

Wir ersetzen a, b in Gl. (22.1) und erhalten

$$W(x) = W_A((x_M/x)^{12} - 2(x_M/x)^6) \, . \tag{22.9}$$

Zahlenwerte:

2. Abstand, bei dem das Potential 0 ist, nach Gl. (22.2) : $x_0 = 3,40 \cdot 10^{-10}$ m ,
Bindungsabstand nach Gl. (22.3): $x_M = 3,82 \cdot 10^{-10}$ m .

4. Bindungsenergie nach Gl. (22.6): $W_A = 0,167 \cdot 10^{-20}$ J.

Aufgabe 23: Transporter

Auf der Ladefläche eines Lastwagens steht unbefestigt eine Ladung (Vollzylinder mit Durchmesser $d = 0{,}8$ m, Höhe $h = 1{,}2$ m, Haftreibungszahl zwischen der Ladung und der Ladefläche $\mu_{HR} = 0,6$). Der Wagen fährt auf horizontaler Strecke mit einer Geschwindigkeit von $v = 45$ km/h.

Fragen:

1. Wie groß darf in einer Kurve der Kurvenradius r_1 sein, so daß die Ladung nicht nach außen kippt?

2. In welcher Zeit darf der Wagen zum Stillstand kommen, ohne daß die Ladung nach vorne kippt?

3. Rutscht die Ladung in der Kurve und beim Bremsen?

Lösung:

Hinweise zur Physik:
Drehmoment in [GG] Abschn. 11, Bewegung in Kurven, s. Aufgabe 9, Haftreibung s. Aufgabe 6.

Bearbeitungsvorschlag:
In der Fig. 23.1 ist S der Schwerpunkt des Zylinders und K ein Drehpunkt.

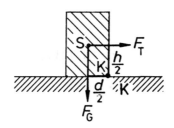

Fig. 23.1 Ladung (Vollzylinder) auf einer Ladefläche, Drehmomente um den Punkt K.

Die Schwerkraft erzeugt das Drehmoment

$$M_{\mathrm{G}} = F_{\mathrm{G}}\, d/2 \,, \tag{23.1}$$

die Trägheitskraft F_{T} das Drehmoment

$$M_{\mathrm{T}} = F_{\mathrm{T}}\, h/2 \,. \tag{23.2}$$

Wir haben hier die allgemeine Definition

$$\boldsymbol{M} = \boldsymbol{r} \times \boldsymbol{F} \tag{23.3}$$

für das Drehmoment ([GG], (Gl. 11.9) schon spezialisiert: "Kraft mal Hebelarm".
Die Drehmomente sind entgegengesetzt gerichtet. Die Säule kippt für

$$M_{\mathrm{T}} > M_{\mathrm{G}} \,. \tag{23.4}$$

Wir berechnen den Grenzfall $M_{\mathrm{T}} = M_{\mathrm{G}}$ für
1. die Kurvenfahrt:
Es wirkt die Zentrifugalkraft:

$$F_{\mathrm{T}} = F_{\mathrm{Z}} = m\, a_{\mathrm{Z}} = m\, v^2/r_1 \,. \tag{23.5}$$

Mit Gl. (23.1) und Gl. (23.2) ist

$$m\, v^2\, h/r_1 = m\, g_{\mathrm{n}}\, d \,, \tag{23.6}$$

$$r_1 = \frac{v^2\, h}{g_{\mathrm{n}}\, d} \,, \tag{23.7}$$

2. den Bremsvorgang:
Wir nehmen eine konstante Bremsverzögerung a_B an. Dann ist die Bremszeit

$$t_2 = v/a_B ,\qquad\qquad(23.8)$$

$$F_T = m\, a_B .\qquad\qquad(23.9)$$

Durch Gleichsetzen von Gl. (23.1) und Gl. (23.2) folgt nun

$$a_B = g_n\, d/h .\qquad\qquad(23.10)$$

Mit Gl. (23.8) wird daraus

$$t_2 = \frac{v\,h}{g_n\,d} .\qquad\qquad(23.11)$$

3. Die Haftreibungskraft ist, s. Gl. (6.2)

$$F_{HR} = \mu_{HR}\, F_G = \mu_{HR}\, m\, g_n .\qquad\qquad(23.12)$$

Die Ladung *rutscht*, wenn

$$F_T > F_{HR}\qquad\qquad(23.13)$$

oder mit Gl. (23.12)

$$a_T > \mu_{HR} \cdot g_n\qquad\qquad(23.14)$$

wird.
Die Ladung *kippt*, wenn durch Kurvenfahrt oder Bremsen, s. z.B. Gl. (23.10)

$$a_T > g_n\, d/h ,\qquad\qquad(23.15)$$

Durch Vergleich der Gln. (23.14) und (23.15) erkennt man, daß die Ladung rutscht, bevor sie kippt, wenn gilt

$$d/h > \mu_{HR} .\qquad\qquad(23.16)$$

Zahlenwerte:
1. Nach Gl. (23.7) ist $r_1 = 23{,}9$ m. Für den Kurvenradius gilt: $r > r_1$.
2. Nach Gl. (23.11) ist $t_2 = 1{,}91$ s . Für die Bremszeit gilt: $t > t_2$.
3. Nach Gl. (23.16) ist $0{,}67 > 0{,}60$, d.h. die Ladung rutscht, bevor sie kippt.

Aufgabe 24: Rollende Hohlkugel

Eine Kugel aus Eisen (Dichte $\rho = 7,86$ g/cm^3, Durchmesser außen $d_A = 4$ cm, Wandstärke 1 cm) rollt geradlinig auf einer festen Unterlage mit einer Geschwindigkeit $v = 1$ m/s.

Frage: Wie groß ist die Bewegungsenergie der Kugel?

Lösung:

Hinweise zur Physik:
Drehbewegungen, kinetische Energie, Trägheitsmoment in [GG] Abschn. 12.

Hinweise zur Mathematik:
Volumenelement in Kugelkoordinaten (r, ϑ, φ):

$$dV = r^2\, dr\, \sin\vartheta\, d\vartheta\, d\varphi\,, \tag{24.1}$$

Entwicklung von $(1 \pm x)^n \approx 1 \pm nx$.

Bearbeitungsvorschlag:
Wir zerlegen die Bewegung in eine Translation und eine Rotation um eine Achse durch den Schwerpunkt S der Kugel. Dann ist die Bewegungsenergie, s. [GG] Gln. (9.10) und (12.2),

$$W_K = W_T + W_R = m\,v^2/2 + J_S\,\omega^2/2\,. \tag{24.2}$$

$$J_S = \int_m a^2\, dm \tag{24.3}$$

ist das (Massen)trägheitsmoment bezüglich einer Drehachse durch den Schwerpunkt S, s. [GG] Gl. (12.3).

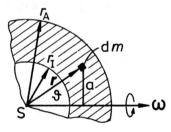

Fig. 24.1 Rotierende Hohlkugel

Das Massenelement ist

$$\mathrm{d}m = \rho \cdot \mathrm{d}V \tag{24.4}$$

und der Abstand von der Drehachse, s. Fig. 24.1,

$$a = r \cdot \sin \vartheta \,.$$

Damit wird aus Gl. (24.3)

$$J_\mathrm{S} = \rho \int\limits_{r_I}^{r_A} \int\limits_{\vartheta=0}^{\pi} \int\limits_{\varphi=0}^{2\pi} r^4 \, \mathrm{d}r \cdot \sin^3 \vartheta \cdot \mathrm{d}\vartheta \cdot \mathrm{d}\varphi \,. \tag{24.5}$$

Nach Ausführung der drei Integrationen ist

$$J_\mathrm{S} = \rho \cdot \frac{2}{5} \cdot \frac{4\pi}{3} \left(r_\mathrm{A}^5 - r_\mathrm{I}^5 \right) \,. \tag{24.6}$$

Mit der Masse der Kugel

$$m = \rho \cdot \frac{4\pi}{3} \left(r_\mathrm{A}^3 - r_\mathrm{I}^3 \right) \tag{24.7}$$

wird aus Gl. (24.6)

$$J_\mathrm{S} = \frac{2}{5} \, m \cdot \frac{r_\mathrm{A}^5 - r_\mathrm{I}^5}{r_\mathrm{A}^3 - r_\mathrm{I}^3} \,. \tag{24.8}$$

Aus Gl. (24.8) erhält man als Grenzfälle das Massenträgheitsmoment für eine Achse durch den Schwerpunkt der

– Vollkugel ($r_\mathrm{I} = 0$, $r_\mathrm{A} = r$)

$$J_\mathrm{VK} = \frac{2}{5} \, m \, r^2 \,, \tag{24.9}$$

– Hohlkugel mit dünner Wand ($r_\mathrm{I} = r$, $r_\mathrm{A} = r + \delta r$, $\delta r \ll r$)

durch die Entwicklung

$$r_\mathrm{A}^n = r^n (1 + \delta r/r)^n \approx r^n (1 + n \cdot \delta r/r) \tag{24.10}$$

$$J_\mathrm{HK} = \frac{2}{3} \, m \, r^2 \,. \tag{24.11}$$

Anmerkung:

Das Massenträgheitsmoment J ist bei Rotationsbewegungen die analoge Größe zur Masse m bei Translationsbewegungen. Es ist im Gegensatz zur Masse keine Körperkonstante, sondern hängt von der Lage der Drehachse und der Verteilung der Masse bezüglich der Drehachse gemäß Definition Gl. (24.3) ab. Wenn J_S bekannt ist, ist das Trägheitsmoment für die Rotation um eine parallele Achse im Abstand b vom Schwerpunkt (Steinerscher Satz):

$$J_A = J_S + m\, b^2 \,. \tag{24.12}$$

Zur Begründung der Gl. (24.12) versuchen Sie, die Bewegungsenergie der Kugel als reine Rotationsenergie zu berechnen.

Frage:

Wie groß ist das Trägheitsmoment J_A der rollenden Kugel bei Rotation um eine Achse durch den Auflagepunkt auf der Unterlage, wenn J_S bekannt ist?

Bearbeitungsvorschlag:

Anstelle von Gl. (24.2) ist nun

$$W_K = J_A\, \omega^2/2 \,. \tag{24.13}$$

Die Kugel rotiert mit ω um eine Achse durch den Auflagepunkt, die den Abstand R_A vom Schwerpunkt hat. Es ist

$$v = r_A \cdot \omega \,. \tag{24.14}$$

Einsetzen von Gl. (24.14) in Gl. (24.2) liefert

$$W_K = (m\, r_A^2 + J_S)\omega^2/2 \,. \tag{24.15}$$

Das gesuchte Trägheitsmoment ist, vergl. mit Gl. (24.12),

$$J_A = J_S + m\, r_A^2 \,. \tag{24.16}$$

Zahlenwerte:

$r_A = 2$ cm, $r_I = 1$ cm.
Nach Gl. (24.7) ist $m = 0,230$ kg , nach Gl. (24.8) $J_S = 4,08 \cdot 10^{-5}$ kg m^2 , nach Gl. (24.2) $W_T = 0,115$ J und mit $\omega = v/r_A$, s. Gl. (24.14), $W_R = 0,051$ J , $W_K = 0,166$ J . Nach Gl. (24.16) ist $J_A = 1,33 \cdot 10^{-4}$ kg m^2 .

Aufgabe 25: Rotierende Raumstation

Eine zylinderförmige Raumstation (Radius $r = 50$ m) rotiert mit der Umlaufzeit $T_1 = 60$ s um die Zylinderachse (Trägheitsmoment $J = 4 \cdot 10^8$ kg m^2). Sie soll mit konstanter Beschleunigung auf eine Umlaufzeit T_2 gebracht werden, so daß auf ihrer Mantelfläche die Schwerkraft an der Erdoberfläche weitgehend simuliert wird. Für die Beschleunigung sind entlang des Außenmantels vier Triebwerke montiert, die eine tangentiale Schubkraft von je $F = 100$ N entwickeln können.

Fragen:

1. Wie groß ist die Umlaufzeit T_2?

2. Wie groß ist die Winkelbeschleunigung α?

3. Wie lange dauert der Beschleunigungsvorgang?

4. Wieviele Umdrehungen macht die Station dabei?

Lösung:

Hinweise zur Physik:
Drehbewegungen, Drehmoment, Drehimpuls in [GG] Abschn. 12

Bearbeitungsvorschlag:
1. Die Zentrifugalbeschleunigung a_Z soll gleich g_n sein:

$$\omega_2^2 \, r = \left(\frac{2\pi}{T_2}\right)^2 r = g_n \, , \tag{25.1}$$

$$T_2 = 2\pi (r/g_n)^{1/2} \, . \tag{25.2}$$

2. Die vier Triebwerke erzeugen das Drehmoment, s. [GG] Gl. (12.11),

$$M = J \, \alpha = 4 \, r \, F, \tag{25.3}$$

$$\alpha = 4 \, rF/J \, . \tag{25.4}$$

3. Das Drehmoment bewirkt eine Drehimpulsänderung, s. [GG] Gln. (12.16), (12.14),

$$\delta L = M \cdot \delta t = J \cdot \delta\omega = J(\omega_2 - \omega_1) \, , \tag{25.5}$$

woraus mit Gl. (25.3) folgt:

$$\delta t = \frac{\omega_2 - \omega_1}{\alpha} = t_B \, , \tag{25.6}$$

t_B ist die Dauer der Beschleunigung. (Das hätten wir auch direkt aus $\alpha = \delta\omega/\delta t$ herleiten können.)

4. Die Abhängigkeit des Drehwinkels von der Zeit t bekommen wir durch Integration ($\alpha = $ konst.):

$$\ddot{\varphi} = \alpha\,, \tag{25.7}$$

$$\dot{\varphi} = \alpha\,t + \omega_1 \tag{25.8}$$

mit der Anfangsbedingung $t = 0$, $\dot{\varphi} = \omega_1$,

$$\varphi = \alpha\,t^2/2 + \omega_1\,t \tag{25.9}$$

mit der Anfangsbedingung $t = 0$, $\varphi = 0$, s. Fig. 25.1 und die Aufgaben 2 und 11.

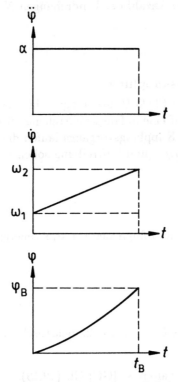

Fig. 25.1 Winkelbeschleunigung $\ddot{\varphi}$, Winkelgeschwindigkeit $\dot{\varphi}$, und Drehwinkel φ bei einer Drehbewegung

Für die Beschleunigungsdauer t_B ist nach Gl. (25.9)

$$\varphi_B = \alpha\, t_B^2/2 + \omega_1\, t_B\,,\tag{25.10}$$

mit Gl. (25.6)

$$\varphi_B = (\omega_2^2 - \omega_1^2)/2\alpha\tag{25.11}$$

und daraus die Anzahl der Umdrehungen mit Gl. (25.1)

$$N = \frac{\varphi_B}{2\pi} = \frac{g_n/r - 4\pi^2/T_1^2}{2\pi \cdot 2\alpha}\,.\tag{25.12}$$

Zahlenwerte:
1. Nach Gl. (25.2) ist die Umlaufzeit $T_2 = 14,2\,\text{s}$.
2. Nach Gl. (25.4) ist die Winkelbeschleunigung $\alpha = 5 \cdot 10^{-5}\,\text{s}^{-2}$.
3. Nach Gl. (25.6) dauert die Beschleunigung $t_B = 6764\,\text{s} = 1,88\,\text{h}$.
4. Mit Gl. (25.12) ist die Anzahl der Umdrehungen $N = 294,8$.

Aufgabe 26: Reibungskupplung

Eine rotierende Scheibe 1 (3000 Umdrehungen/min, Trägheitsmoment $J_1 = 0,5\,\text{kg}\,\text{m}^2$) wird auf eine anfangs stillstehende Scheibe 2 ($J_2 = 0,4\,\text{kg}\,\text{m}^2$) gedrückt. Am Ende des Kupplungsvorgangs laufen die Scheiben gemeinsam mit der Kreisfrequenz ω_2. Lager- und Luftreibung sollen vernachlässigt werden.

Fragen:

1. Wie groß ist ω_2?

2. Welcher Anteil der ursprünglichen Rotationsenergie geht als Reibungsarbeit verloren?

Lösung:

Hinweise zur Physik:
Drehimpulserhaltung in [GG] Abschn. 12, inelastischer Stoß, s. Aufgaben 14, 15, 16.

Bearbeitungsvorschlag:
Der Drehimpuls bleibt erhalten, s. [GG] Gl. (12.19):

$$J_1\,\omega_1 = (J_1 + J_2)\,\omega_2\,,\tag{26.1}$$

$$\omega_2 = \left(\frac{J_1}{J_1 + J_2} \right) \omega_1 \ . \tag{26.2}$$

Für die Energien gilt

$$W_1 = W_2 + W_A \ , \tag{26.3}$$

wobei

$$W_1 = J_1 \, \omega_1^2 / 2 \tag{26.4}$$

die Anfangsenergie,

$$W_2 = (J_1 + J_2) \, \omega_2^2 / 2 \tag{26.5}$$

die kinetische Energie nach dem Kupplungsvorgang und W_A die Verlustenergie ist. Der relative Energieverlust ist mit den Gln. (26.3), (26.4), (26.5) und (26.2)

$$\frac{W_A}{W_1} = 1 - \frac{W_2}{W_1} = \frac{J_2}{J_1 + J_2} \ . \tag{26.6}$$

Zahlenwerte:
1. Nach Gl. (26.2) ist $\omega_2 = 174,5 \text{ s}^{-1}$, (1667 Umdrehungen/min).
2. Nach Gl. (26.6) ist $W_A / W_1 = 0,444 = 44,4\%$.

Aufgabe 27: Kreisel

Ein homogener Kreiskegel (Grundkreisradius $r = 2,5$ cm, Höhe $h = 8$ cm, Trägheitsmoment um die Figurenachse $J = 0,3 \, m \, r^2$) rotiert auf der Spitze stehend um seine Figurenachse mit einer Winkelgeschwindigkeit $\omega = 500 \text{ s}^{-1}$.

Frage:
Wie groß ist die Winkelgeschwindigkeit ω_P der Präzession, wenn die Figurenachse um den Winkel ϑ gegenüber der Vertikalen geneigt ist?

Lösung:

Hinweise zur Physik:
Kreiselpräzession in [GG] Abschn. 12.4, Massenzentrum (Schwerpunkt) in [GG] Abschn. 11.2.

Hinweise zur Mathematik: Vektorielles Produkt in [GG] Abschn. A1

Bearbeitungsvorschlag:
Die Winkelgeschwindigkeit der Präzessionsbewegung ω_P aufgrund eines Drehmoments M auf den Kreisel, der den Drehimpuls

$$L = J \cdot \omega \tag{27.1}$$

hat, läßt sich durch

$$M = \omega_\mathrm{P} \times L \tag{27.2}$$

beschreiben, s. Fig. 27.1 a).

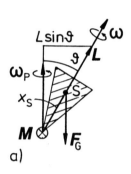
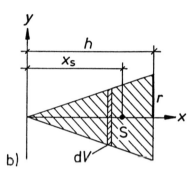

Fig. 27.1 a) Präzessierender Kreisel   b) Schwerpunkt des Kreisels

Das Drehmoment mit Fig. 27.1 a) und Gl. (27.2) ist

$$M = x_\mathrm{S}\, \sin\, \vartheta \cdot F_\mathrm{G} = \omega_\mathrm{P} L \cdot \sin\, \vartheta \,. \tag{27.3}$$

Daraus folgt mit Gl. (27.1)

$$\omega_\mathrm{P} = \frac{x_\mathrm{S} \cdot F_\mathrm{G}}{\omega\, J} \,, \tag{27.4}$$

unabhängig vom Neigungswinkel ϑ.
Der Schwerpunkt S hat, s. Fig. 27.1 b), die Koordinaten $y_\mathrm{S} = 0$ (aus Symmetriegründen) und, s. [GG] Gl. (11.26),

$$x_\mathrm{S} = \frac{\int x \cdot \rho \cdot \mathrm{d}V}{\int \rho \cdot \mathrm{d}V} \,. \tag{27.5}$$

Das Volumen einer dünnen Scheibe des Kreisels ist

$$\mathrm{d}V = \pi y^2 \cdot \mathrm{d}x \,, \tag{27.6}$$

außerdem gilt

$$y/x = r/h \,, \qquad\qquad (27.7)$$

also

$$dV = \pi(r/h)^2\, x^2\, dx \,. \qquad\qquad (27.8)$$

Das Integral im Zähler von Gl. (27.5) ist mit Gl. (27.8)

$$\rho \int_0^h x\, dV = \rho\,\pi(r/h)^2\, h^4/4 \qquad\qquad (27.9)$$

und das im Nenner

$$\rho \int_0^h dV = \rho\,\pi(r/h)^2\, h^3/3 \,. \qquad\qquad (27.10)$$

Durch Division von Gl. (27.9) und Gl. (27.10) ist

$$x_S = 3\,h/4 \,. \qquad\qquad (27.11)$$

Damit wird aus Gl. (27.4)

$$\omega_P = \frac{3\,h\,F_G}{4\,\omega\,J} \,. \qquad\qquad (27.12)$$

Zahlenwerte:

$$\omega_p = \frac{3\,h\,m\,g_n}{4\,\omega\,\cdot 0,3\,m\,r^2} = 6,28\ \mathrm{s}^{-1} \,, \ (\text{Umlaufzeit } T_P = 2\pi/\omega_P = 1\mathrm{s}) \,.$$

Aufgabe 28: Draht

Ein Draht (Länge $\ell = 1$ m, Durchmesser $2\,r = 1$ mm) aus Stahl bzw. Kupfer (Elastizitätsmodul E) wird mit der Zugspannung $\sigma_{0,2}$ belastet.
Stahl: $\sigma_{0,2} = 1960$ N/mm^2, $E = 2{,}16 \cdot 10^{11}$ N/m^2,
Kupfer: $\sigma_{0,2} = 69$ N/mm^2, $E = 1{,}18 \cdot 10^{11}$ N/m^2.

Fragen:

1. Wie groß sind die maximalen Kräfte?

2. Wie groß sind die Längenänderungen?

3. Welche Arbeit muß aufgebracht werden?

Annahme: Die Querkontraktion ist vernachlässigbar.

Lösung:

Hinweise zur Physik:
Spannung, Dehnung, Hookesches Gesetz, Elastizitätsmodul, $\sigma_{0,2}$ in [GG]
Abschn. 13

Anmerkung:
Das Ende des elastischen Bereichs wird definiert durch die Fließgrenze $\sigma_{0,2}$. Es ist die Spannung, nach deren Wegnahme eine Dehnung von 0,2 % zurückbleibt.

Bearbeitungsvorschlag:
Wir benutzen das Hookesche Gesetz, s. [GG] Gl. (13.2),

$$\sigma = E \cdot \epsilon, \quad E = \text{konst.}, \tag{28.1}$$

wobei

$$\sigma = F/A \tag{28.2}$$

die Spannung, A die Querschnittsfläche und

$$\epsilon = \delta\ell/\ell \tag{28.3}$$

die Dehnung ist.
1. Die maximale Kraft ist nach Gl. (28.2)

$$F_{\mathrm{M}} = A \cdot \sigma_{0,2} \tag{28.4}$$

2. Die maximale elastische Längenänderung ist nach Gl. (28.3) und Gl. (28.1)

$$\delta\ell_{\mathrm{E}} = \ell \cdot \epsilon = \ell \cdot \sigma_{0,2}/E . \tag{28.5}$$

Dazu kommt noch die plastische Längenänderung

$$\delta\ell_{\mathrm{P}} = 0,2\% \, \ell . \tag{28.6}$$

3. Die elastische Verformungsarbeit ist

$$W_A = \int\limits_0^{\delta\ell_E} F(x)\,dx\,.\tag{28.7}$$

Das Hookesche Gesetz besagt in anderer Form, daß die Kraft F proportional zur Verlängerung x des Drahtes ist:

$$F = D \cdot x\,.\tag{28.8}$$

Die Integration von Gl. (28.7) mit Gl. (28.8) ergibt

$$W_A = \frac{1}{2}D(\delta\ell_E)^2 = \frac{1}{2}F_M \cdot \delta\ell_E\,.\tag{28.9}$$

Durch Einsetzen von Gl. (28.4) und Gl. (28.5) wird, vergl. [GG] Gl. (13.9),

$$W_A = \frac{A \cdot \ell \cdot \sigma_{0,2}^2}{2E}\,.\tag{28.10}$$

Zahlenwerte:
$A = \pi\,r^2 = 7,85 \cdot 10^{-7}\,\mathrm{m}^2$
1. Nach Gl. (28.4) für Stahl $F_M = 1,54 \cdot 10^3$ N, Kupfer $F_M = 54,2$ N.
2. Nach Gl. (28.5) für Stahl $\delta\ell_E = 9,07$ mm, Kupfer $\delta\ell_E = 0,58$ mm. Dazu kommen nach Gl. (28.6) jeweils $\delta\ell_P = 2$ mm aufgrund der plastischen Verformung.
3. Nach Gl. (28.10) ist für Stahl $W_A = 6,98$ J, Kupfer $W_A = 1,58 \cdot 10^{-2}$ J.

Aufgabe 29: Kompression von Wasser
Wasser (Dichte $\rho_0 = 10^3$ kg/m³, Kompressibilität $\kappa = 5 \cdot 10^{-10}$/Pa) wird in der Meerestiefe ($h = 10$ km) durch seinen hydrostatischen Druck komprimiert, so daß sich die Dichte ändert.

Frage: Wie groß ist die relative Dichteänderung?

Lösung:

Hinweise zur Physik:
Druck, Kompressibilität in [GG] Abschn. 13, hydrostatischer Druck in [GG] Gl. (13.33).

Hinweise zur Mathematik: Entwicklung $(1 - x)^{-1} \approx 1 + x$, s. [GG] Abschn. A4

Bearbeitungsvorschlag:
Der hydrostatische Druck ändert sich:

$$\delta p = \rho_0\, g_n \cdot \delta h + \rho_0 h \cdot \delta g + g_n h \cdot \delta \rho \qquad (29.1)$$

Mit dem Bezug von δh auf die Oberfläche bei $h = 0$ wird aus Gl. (29.1)

$$\delta p = \rho_0 \cdot g_n \cdot \delta h\,. \qquad (29.2)$$

Die Dichte berechnen wir aus der Bedingung, daß eine herausgegriffene Masse konstant bleibt.

$$\rho_0\, V_0 = \rho(V_0 + \delta V)\,, \qquad (29.3)$$

Die Kompressibilität, s. [GG] Gl. (13.28), ist

$$\kappa = -\frac{1}{V_0} \cdot \frac{\mathrm{d}V}{\mathrm{d}p}\,. \qquad (29.4)$$

Daraus entnehmen wir

$$\delta V = -\kappa \cdot V_0 \cdot \delta p \qquad (29.5)$$

und setzen es in Gl. (29.3) ein:

$$\rho = \frac{\rho_0\, V_0}{V_0 - \kappa \cdot V_0 \cdot \delta p}\,. \qquad (29.6)$$

Wir setzen δp aus Gl. (29.2) ein:

$$\rho = \rho_0(1 - \rho_0 \cdot \kappa \cdot g_n \cdot \delta h)^{-1}\,. \qquad (29.7)$$

Wir erwarten, daß die Dichteänderung klein ist und entwickeln deshalb Gl. (29.7):

$$\rho \approx \rho_0(1 + \rho_0 \cdot \kappa \cdot g_n \cdot \delta h) = \rho_0 + \delta\rho\,. \qquad (29.8)$$

Die absolute Dichteänderung ist damit

$$\delta\rho = \rho_0^2 \cdot \kappa \cdot g_n \cdot \delta h \qquad (29.9)$$

und die relative

$$\delta\rho/\rho_0 = \rho_0 \cdot \kappa \cdot g_n \cdot \delta h\,. \qquad (29.10)$$

Zahlenwert: Nach Gl. (29.10) ist $\delta\rho/\rho_0 = 5\%$.
Anmerkung: Flüssigkeiten gelten im Vergleich zu Gasen als inkompressibel.

Aufgabe 30: Heißluftballon

Ein kugelförmiger, unten offener Heißluftballon (Durchmesser $d = 18$ m, Masse der Hülle $m_H = 100$ kg soll eine Tragfähigkeit für Korb, Brenner, Gasflaschen, Personen usw. von $m = 600$ kg haben.
Normdichte von Luft ([DKV], Tafel 2.9:
$\rho_0 = 1,293$ kg/m^3 bei $p_0 = 1,013 \cdot 10^5$ Pa und $T_0 = 273,15$ K.

Fragen:

1. Welche Temperatur t_2 muß die Luft in der Ballonhülle haben, damit der Ballon schwebt, wenn die Außentemperatur $t_1 = 20°$ C ist?

2. Wie groß muß t_2 werden, damit der Ballon auf die Höhe $h = 500$ m steigt?

Lösung:

Hinweise zur Physik:
Auftrieb und barometrische Höhenformel in [GG] Abschn. 13.4 und 13.5, ideales Gas in [GG] Abschn. 24.

Bearbeitungsvorschlag:
Die Auftriebskraft F_A ist (Prinzip von Archimedes), s. [GG] Abschn. 13.4,

$$F_A = (\rho_1 - \rho_2)V g_n . \tag{30.1}$$

Wenn F_A die Gewichtskraft

$$F_G = (m + m_H)g_n \tag{30.2}$$

gerade kompensiert, schwebt der Ballon. Daraus folgt

$$1 - \frac{\rho_1}{\rho_2} = \frac{m + m_H}{\rho_1 V} , \tag{30.3}$$

wobei das Volumen

$$V = 4\pi\, r^3/3 \tag{30.4}$$

und die Dichte der Luft ρ_1 außen und ρ_2 innen ist.
1. Den Zusammenhang zwischen Dichte und Temperatur bekommen wir aus der Zustandsgleichung für ideale Gase, s. [GG] Gl. (24.23), durch Erweiterung mit der Molekülmasse m_H:

$$pV = N \cdot m_H \, k \, T/m_H . \tag{30.5}$$

Für die Dichte folgt aus Gl. (30.5)

$$\rho = \frac{N m_H}{V} = \frac{p \cdot m_H}{k T} , \qquad (30.6)$$

k - Boltzmann-Konstante.

Bei konstantem Druck folgt aus Gl. (30.6) für ein bestimmtes Gas (Luft):

$$\rho_1 / \rho_0 = T_0 / T_1 , \qquad (30.7)$$

$$\rho_2 / \rho_1 = T_1 / T_2 . \qquad (30.8)$$

Aus Gl. (30.3) folgt mit Gl. (30.8)

$$T_2 = T_1 \left(1 - \frac{m + m_H}{\rho_1 V} \right)^{-1} . \qquad (30.9)$$

2. Die Dichte hängt von der Höhe ab. Wir benutzen die barometrische Höhenformel, s. [GG] Gl. (13.38), und wissen, s. Gl. (30.6), daß der Druck $p \sim \rho$ ist:

$$\rho(h) = \rho_1 \exp \left(-\frac{\rho_1 \, g_n h}{p_0} \right) . \qquad (30.10)$$

Zahlenwerte:
1. Nach Gl. (30.7) ist $\rho_1 = 1,205 \, \text{kg/m}^3$, nach Gl. (30.4) ist $V = 3054 \, \text{m}^3$, nach Gl. (30.9) ist $T_2 = 308,4$ K, $t_2 = 88,9°$C nach der Zahlenwertgl. (55.9).
2. Nach Gl. (30.10) ist für $h = 500$ m: $\rho = 1,137 \, \text{kg/m}^3$. Aus Gl. (30.9) folgt mit diesem Wert anstelle von ρ_1: $T_2 = 367,2$ K, $t_2 = 94,1°$C nach der Zahlenwertgl. (55.9).

Aufgabe 31: Schwimmende Flasche

Eine teilweise gefüllte, verschlossene, zylindrische Flasche (Masse m) schwimmt (Eintauchtiefe $x_0 = 10$ cm) in einem Gewässer. Sie wird so angestoßen, daß sie eine zur Wasseroberfläche senkrechte Bewegung ausführt.

Frage:
Welche vertikale Bewegung $x(t)$ führt die Flasche aus und wie groß ist die Periodendauer der Bewegung?

Annahme: Die Bewegung der Flasche im Wasser ist reibungsfrei.

Lösung:

Hinweise zur Physik:
Auftrieb in [GG] Abschn. 13.4, harmonische Schwingungen in [GG] Abschn. 16.1.

Hinweise zur Mathematik: Schwingungsgleichung in [GG] Gl. (16.15)

Bearbeitungsvorschlag: In der Ruhelage besteht in senkrechter Richtung ein Kräftegleichgewicht zwischen Gewichtskraft

$$\boldsymbol{F}_G = m \cdot \boldsymbol{g}_n \tag{31.1}$$

und Auftriebskraft, s. Fig. 31.1,

$$\boldsymbol{F}_A = -\rho_W \cdot A \cdot x_0 \cdot \boldsymbol{g}_n \,. \tag{31.2}$$

Daraus folgt

$$m = -\rho_W \cdot A \cdot x_0 \,, \tag{31.3}$$

Diese Gleichung besagt, daß die Masse m eines *schwimmenden* Körpers so groß ist wie die Masse der Flüssigkeit, die er verdrängt (Prinzip von Archimedes).

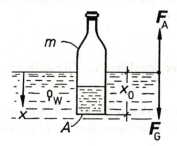

Fig. 31.1 Schwimmende Flasche

Durch den Anstoß in x-Richtung kommt noch die Trägheitskraft

$$\boldsymbol{F}_T = -m\,\ddot{\boldsymbol{x}} \tag{31.4}$$

dazu. Das Kräftegleichgewicht

$$\boldsymbol{F}_T + \boldsymbol{F}_A + \boldsymbol{F}_G = 0 \tag{31.5}$$

ist nun für die Auslenkung x aus der Ruhelage x_0

$$-m\,\ddot{x} - \rho_W\,A(x + x_0)\,g_n + m\,g_n = 0 \,. \tag{31.6}$$

Mit Gl. (31.3) wird aus Gl. (31.6)

$$\ddot{x} + (g_\mathrm{n}/x_0)\, x = 0 \,. \tag{31.7}$$

Das ist eine Schwingungsgleichung mit der Lösung

$$x(t) = x_\mathrm{A} \cdot \sin(\omega_0 \, t) \,, \tag{31.8}$$

$$\omega_0 = (g_\mathrm{n}/x_0)^{1/2} \,. \tag{31.9}$$

In vertikaler Richtung bewegt sich die Flasche zeitlich periodisch. Sie führt also eine *Schwingung* aus. Die Periodendauer ist unabhängig von der Masse m:

$$T_0 = 2\pi/\omega_0 = 2\pi(x_0/g_\mathrm{n})^{1/2} \,. \tag{31.10}$$

Zahlenwerte:
Aus Gl. (31.9) und Gl. (31.10): $\omega_0 = 9{,}90\ \mathrm{s}^{-1}$, $T_0 = 2\pi/\omega_0 = 0{,}634\ \mathrm{s}$.

Aufgabe 32: Tonaufzeichnung

Auf der Schallplatte aus Aufgabe 11 ist der Kammerton a^1 (Frequenz $f_\mathrm{A} = 440$ Hz) aufgezeichnet.

Fragen:

1. Wie groß ist die Periodenlänge der Tonaufzeichnung am Anfang und am Ende der Tonspur?

2. Welche Frequenzen werden während der Anlaufzeit des Plattenspielers erzeugt? Zu welcher Zeit hört man den Ton a^1 um eine Oktave tiefer (Ton a^0)?

Lösung:

Anmerkung:
Bei vergrößerter Betrachtung besteht die Tonspur TS (s. Fig. 11.1 a)) aus einer Rille R entlang einer (spiralförmigen) Mittellinie x, (s. Fig. 32.1). Der Ausschlag $y(x)$ senkrecht zur Mittellinie enthält die Toninformation. In unserem Beispiel ist $y(x)$ eine Sinuskurve. Die Abtastnadel wird durch die Rille R geführt. Die Geschwindigkeit bezüglich der x-Richtung sei v_B. Die Nadel führt dadurch eine Sinusschwingung $y(t)$ aus. Die räumliche Periodizität der Aufzeichnung (Periodenlänge d) wird durch v_B in eine zeitliche Periodizität (Schwingung der Nadel mit der Frequenz f_A) transformiert:

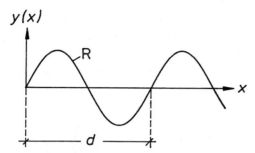

Fig. 32.1 Rille R auf einer Schallplatte, $y(x)$ - Abweichung von der Mittellinie x, d - Periodenlänge.

Hinweise zur Physik: s. Aufgabe 11

Bearbeitungsvorschlag:
1. Es ist

$$v_B = f_A \cdot d \,, \tag{32.1}$$

oder mit Gl. (11.4):

$$\omega_1 = f_A \cdot d/r \,, \tag{32.2}$$

$$d = \omega_1 \cdot r/f_A \,. \tag{32.3}$$

Der Plattenspieler läuft mit einer konstanten Kreisfrequenz ω_1. Damit der Ton mit der Frequenz f_A richtig wiedergegeben wird, muß nach Gl. (32.2) die Aufzeichnung so gemacht sein, daß d/r konstant ist.
2. Nach Gl. (32.2) ist $\omega \sim f$. Es sind also die der Veränderung von ω, s. Fig. 11.2, entsprechenden Töne mit den Frequenzen f zu hören. Eine Oktave entspricht dem Frequenzverhältnis 1 : 2.

Zahlenwerte:
1. Mit den Daten aus Aufgabe 11 und Gl. (32.3) ist am Anfang der Platte $d_A = 1,15\,\mathrm{mm}$, am Ende $d_E = 0,516\,\mathrm{mm}$.
2. In der Anlaufzeit werden die Frequenzen 0 bis 440 Hz erzeugt. Der Ton a^0 mit $f_A/2 = 220$ Hz ist zur Zeit $t_1/2 = 1,5$ s nach dem Anlaufen zu hören.

Aufgabe 33: Wasserspülung

In einen zylindrischen Vorratsbehälter, s. Fig. 33.1, fließt kontinuierlich ein Wasserstrom I_0 (Dimension: Volumen/Zeit). Wenn der Wasserstand den Bogen des Saughebers erreicht hat, fließen zu Spülzwecken $V = 18$ l Wasser in $t_1 = 9$ s (Strom I_2) ab, bis der Ansaugstutzen nicht mehr eintaucht. Das soll alle 2 Minuten geschehen.

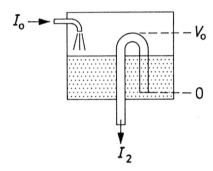

Fig. 33.1 Periodische Wasserspülung

Fragen:

1. Wie hängt die Füllung des Behälters von der Zeit ab (graphische Darstellung)?

2. Wann wird die maximale Füllung V_0 erreicht? Wie groß sind V_0 und die Ströme I_0 für Zulauf, I_1 für Auslauf und I_2 für Ablauf?

Lösung:

Hinweise zur Physik: Kippschwingung in [GG] Abschn. 16.4

Bearbeitungsvorschlag:
Der Wasserstand im Behälter ändert sich periodisch zwischen der Unterkante des Ansaugstutzens und dem Bogen des Saughebers. Die Periodendauer dieser *nichtharmonischen* Schwingung ist

$$T = t_0 + t_1 = 120 \text{ s} , \tag{33.1}$$

wobei t_0 und t_1 die Zeitdauern sind, in denen der Wasserspiegel im Behälter steigt bzw. fällt. Füllstand und Volumen der Füllung sind wegen des konstanten Querschnitts des Behälters einander proportional. Vereinfachend wollen wir annehmen, daß Füllung und Entleerung zeitlich linear verlaufen. Das bedeutet, daß die damit verbundenen Ströme zeitlich konstant sind. Nun kann Fig. 33.2 gezeichnet werden.

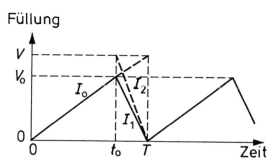

Fig. 33.2 Zeitabhängigkeit der Füllung des Behälters

Die Anstiege der Geraden bedeuten die Ströme I_0 für den andauernden Zufluß, I_1 für den Auslauf während der Zeitdauer $t_1 = T - t_0$, falls kein Zufluß vorhanden wäre, und den zur Spülung verwendeten Ablauf I_2, der mit 18 l in 2 s gegeben ist. Aus Fig. (33.2) folgt

$$I_0 = V_0/t_0 = V/T = (V - V_0)/t_1 , \qquad (33.2)$$
$$I_1 = V_0/t_1 , \qquad (33.3)$$
$$I_2 = V/t_1 . \qquad (33.4)$$

Daraus ergibt sich auch

$$I_0 = I_2 - I_1 . \qquad (33.5)$$

Zahlenwerte:
Nach Gl. (33.1) ist $t_0 = 111$ s, nach Gl. (33.2) $I_0 = 18$ l/ (120 s) $= 0{,}15$ l/s und $V_0 = I_0\, t_0 = 16{,}65$ l, nach Gl. (33.3) $I_1 = 1{,}85$ l/s, nach Aufgabenstellung bzw. Gl. (33.4) $I_2 = 2$ l/s.

Aufgabe 34: Schaukel

Ein Kind (Masse $m = 25$ kg) schwingt auf einer Schaukel (Länge $\ell = 2$ m). Nach dem Anstoßen geht die Amplitude ohne weitere Energiezufuhr in einer Minute auf die Hälfte des anfänglichen Wertes zurück.

Fragen:

1. Wie groß ist die Dämpfung?

2. Wie groß ist die relative Abweichung der Eigenfrequenz vom ungedämpften Fall?

3. Wie groß ist der relative Energieverlust pro Schwingungsdauer?

Lösung:

Hinweise zur Physik:
Fadenpendel in [GG] Abschn. 16.1. Gedämpfte Schwingung in [GG] Abschn. 16.2.

Hinweise zur Mathematik:
Homogene lineare Differentialgleichung 2. Ordnung, Lösung z.B. in [GG] A7.

Bearbeitungsvorschlag:
Wir wollen die Schaukel als gedämpftes Fadenpendel behandeln. Aus dem Gleichgewicht der Trägheitskraft

$$\boldsymbol{F}_{\mathrm{T}} = -m\ddot{\boldsymbol{s}} \,, \tag{34.1}$$

der Reibungskraft

$$\boldsymbol{F}_{\mathrm{R}} = -\gamma\dot{\boldsymbol{s}} \tag{34.2}$$

und der Rückstellkraft für kleine Auslenkwinkel $\varphi = s/\ell$ vergl. [GG], Fig. 16.6,

$$\boldsymbol{F}_{\mathrm{r}} = -m\,g_{\mathrm{n}}\,\boldsymbol{s}/\ell \tag{34.3}$$

ergibt sich die Schwingungsgleichung, vergl. [GG] Gl. (16.39),

$$\ddot{s} + (\gamma/m)\dot{s} + (g_{\mathrm{n}}/\ell)s = 0 \tag{34.4}$$

mit der Relaxationszeit

$$\tau = m/\gamma \tag{34.5}$$

und der Eigenkreisfrequenz ohne Dämpfung, s. [GG] Gl. (16.29),

$$\omega_0 = 2\pi/T_0 = (g_\mathrm{n}/\ell)^{1/2} \,. \tag{34.6}$$

Die Lösung von Gl. (32.4) ist, s. [GG] Gl. (16.44),

$$s(t) = s_\mathrm{A} \cdot \sin(\omega t - \varphi) \tag{34.7}$$

mit der Amplitude

$$s_\mathrm{A} = s_0 \, \exp\left(-\frac{t}{2\tau}\right) \tag{34.8}$$

und der Eigenkreisfrequenz

$$\omega = \sqrt{\omega_0^2 - (4\tau^2)^{-1}} \,. \tag{34.9}$$

1. Die Dämpfung kann durch die Größen τ oder γ, s. Gl. (34.5), beschrieben und aus Gl. (34.8), berechnet werden.
2. Wir können die Größe

$$(\omega_0 - \omega)/\omega_0 = 1 - \omega/\omega_0 \tag{34.10}$$

mit den Gln. (34.6) und (34.9) berechnen:

$$1 - \frac{\omega}{\omega_0} = 1 - \sqrt{1 - \frac{\ell}{4\tau^2 g_\mathrm{n}}} \,. \tag{34.11}$$

3. Wir benutzen [GG] Gl. (16.49):

$$\delta W/W = -T/\tau \,. \tag{34.12}$$

Zahlenwerte:
1. Für $t = 60$ s ist $s_\mathrm{A} = s_0/2$. Mit Gl. (34.8) ist $\exp(-t/(2\tau)) = 0,5$, $\tau = 43,3$ s . Damit und mit Gl. (34.5) ist $\gamma = m/\tau = 0,578$ kg/s .
2. Nach Gl. (34.11) ist der relative Frequenzunterschied $1,4 \cdot 10^{-5} \ll 1$.
3. Nach Gl. (34.12) und Gl. (34.6) ist $|\delta W/W| = 6,6\%$.

Aufgabe 35: Unwucht

Ein Motor (Masse $m_M = 50$ kg) sitzt auf der Mitte eines beidseitig eingespannten Stahlträgers (Masse $m_{ST} = 34$ kg), der sich unter der Last des Motors und seiner eigenen um $d = 0,4$ mm durchbiegt. Die Drehachse des Motors liegt parallel zum Träger. Bei der Betriebsfrequenz des Motors (1500 Umdrehungen pro Minute) entsteht durch eine Unwucht (Masse $m_U = 10$ g im Abstand $r = 1$ cm von der Motorachse) eine Zentrifugalkraft F_Z, die zur Schwingung (Dämpfungskonstante $\gamma = 280$ kg/s) anregt.

Fragen:

1. Wie groß ist die Eigenfrequenz der Anordnung?

2. Wie groß ist die Schwingungsamplitude beim Hochlaufen des Motors?

Annahme: Die gesamte Masse m_S des Stahlträgers wirkt mit.

Lösung:

Hinweise zur Physik:
Zentrifugalkraft in [GG] Gl. 7.16, erzwungene Schwingung in [GG] Abschn. 16.5.

Bearbeitungsvorschlag:
1. Der Motor auf dem elastischen Träger stellt ein senkrecht zum Träger (x-Richtung) schwingungsfähiges System dar. In x-Richtung wirkt die Komponente

$$F_Z \cdot \cos{(\omega\, t)} \tag{35.1}$$

der Zentrifugalkraft

$$F_Z = m_U \cdot \omega^2\, r \tag{35.2}$$

so, daß das System zu erzwungenen Schwingungen angeregt wird. Die vom System erzeugten Kräfte aufgrund von Trägheit, geschwindigkeitsproportionaler Reibung und Rückstellung sind ähnlich wie in Aufgabe 34:

$$\boldsymbol{F}_T \;=\; -m\ddot{\boldsymbol{x}}\;, \tag{35.3}$$

$$\boldsymbol{F}_R \;=\; -\gamma\dot{\boldsymbol{x}}\;, \tag{35.4}$$

$$\boldsymbol{F}_r \;=\; -D\boldsymbol{x} \tag{35.5}$$

mit

$$m = m_M + m_{ST}\;, \tag{35.6}$$

$$D = m \, g_{\mathrm{n}}/d \ . \tag{35.7}$$

Das Gleichgewicht der Kräfte führt auf die Gleichung

$$\ddot{x} + (\gamma/m)\dot{x} + (D/m)x = (F_{\mathrm{Z}}/m) \, \cos{(\omega \, t)} \tag{35.8}$$

mit der Relaxationszeit

$$\tau = m/\gamma \tag{35.9}$$

und der Eigenkreisfrequenz des ungedämpften Systems

$$\omega_0 = (D/m)^{1/2} \ . \tag{35.10}$$

Wegen Gl. (35.7) ist

$$\omega_0 = (g_{\mathrm{n}}/d)^{1/2} \ . \tag{35.11}$$

Anmerkung:
Gl. (35.8) ist eine inhomogene lineare Differentialgleichung 2. Ordnung mit der speziellen Lösung für den stationären Zustand:

$$x(t) = x_0 \, \cos{(\omega t - \varphi)} \ , \tag{35.12}$$

der Amplitude, s. Fig. 35.1,

$$x_0 = \frac{F_{\mathrm{Z}}/m}{\sqrt{(\omega_0^2 - \omega^2)^2 + (\omega/\tau)^2}} \tag{35.13}$$

und

$$\tan \varphi = \frac{\omega/\tau}{\omega_0^2 - \omega^2} \tag{35.14}$$

für die Phasenverschiebung φ zwischen der erregenden Kraft, s. Gl. (35.2) und der Schwingung des Systems, s. Gl. (35.12). Die Amplitude x_0, s. Gl. (35.13), hat ein Maximum bei

$$\omega_{\mathrm{R}} = \sqrt{\omega_0^2 - (2\tau^2)^{-1}} = \omega_0 \sqrt{1 - (2 \, \omega_0^2 \, \tau^2)^{-1}} \ , \tag{35.15}$$

für schwache Dämpfung ($\tau^{-1} \ll \omega_0$) ist

$$\omega_{\mathrm{R}} \approx \omega_0 \ . \tag{35.16}$$

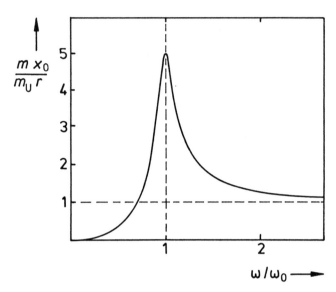

Fig. 35.1 Relative Amplitude x_0/r der durch eine Zentrifugalkraft erzwungenen
Schwingung in Abhängigkeit von der relativen Frequenz ω/ω_0 nach
Gl. (35.13) mit Gl. (35.2) für die Güte $\omega_0 \cdot \tau = 5$

2. Wir benutzen hier die Näherungslösungen für 3 Grenzfälle der Gl. (35.8), bei
denen jeweils Annahmen über die drei Systemkräfte, s. Gln. (35.3) bis (35.5),
gemacht werden:

a) $\omega \ll \omega_0$, F_T und F_R vernachlässigt, s. [GG] Gl. (16.57),

$$x_0 = F_Z/D \tag{35.17}$$

b) $\omega \gg \omega_0$, F_r und F_R vernachlässigt, s. [GG] Gl. (16.61),

$$x_0 = \frac{F_Z}{D}\frac{\omega_0^2}{\omega^2} \tag{35.18}$$

c) $\omega \approx \omega_0$, F_T und F_r kompensieren sich, so daß F_R wichtig wird, s. [GG]
Gl. (16.66),

$$x_0 = (F_Z/D)\,\omega_0\,\tau \tag{35.19}$$

Durch Einsetzen von F_Z aus Gl. (35.2) und D aus Gl. (35.10) bekommen wir im
Fall

a) aus Gl. (35.17)

$$x_0 = (m_U/m)r \cdot (\omega/\omega_0)^2 \,, \tag{35.20}$$

b) aus Gl. (35.18)

$$x_0 = (m_U/m)r \,, \tag{35.21}$$

c) aus Gl. (35.19)

$$x_0 = (m_U/m)r \cdot \omega_0\tau \,. \tag{35.22}$$

Der Faktor $\omega_0\tau$ in Gl. (35.22) heißt Resonanzüberhöhung oder *Güte*.

Zahlenwerte:
1. Nach Gl. (35.11) ist $\omega_0 = 156,6$ s^{-1} . Nach Gl. (35.9) ist $\tau = 0,3$ s, $\omega_0 \cdot \tau = 47$ für die Güte. Damit wird nach Gl. (35.15): $(2\omega_0^2\tau^2)^{-1} = 2,3 \cdot 10^{-4} \ll 1$, d.h. wir haben schwache Dämpfung und $\omega_R \approx \omega_0$. Die Resonanzfrequenz liegt bei 1495 Umdrehungen pro Minute.
2. Es sei $a \equiv m_U \cdot r/m = 1,19 \cdot 10^{-6}$ m
a) für $\omega \ll \omega_0$ ist nach Gl. (35.20) $x_0 = 0$
b) für $\omega \gg \omega_0$ ist nach Gl. (35.21) $x_0 = a$
c) für Resonanz ($\omega = \omega_0$) ist nach Gl. (35.22) $x_0 = a \cdot 47 = 56$ μm
Da die Betriebsfrequenz in der Nähe der Resonanzfrequenz liegt, wird die Schwingungsamplitude nach dieser Abschätzung beim Anlaufen von 0 auf 56 μm anwachsen.

Aufgabe 36: Radarmessung
Ein Radargerät zur Geschwindigkeitsmessung von Fahrzeugen im Straßenverkehr sendet eine elektromagnetische Welle (Frequenz $f_0 = 9$ GHz) aus und empfängt sie nach der Reflexion am Fahrzeug wieder (Frequenz f). Die Frequenzverschiebung $f - f_0$ durch den Dopplereffekt ist ein Maß für die Geschwindigkeit v des Fahrzeugs.

Fragen:

1. Wie genau muß das Meßgerät sein, um die Geschwindigkeit $v = (50 \pm 5)$ km/h angeben zu können?

2. Wie empfindlich muß das Meßgerät sein, um eine Bewegung mit $v = 0,1$ m/s nachweisen zu können?

Lösung:

Hinweise zur Physik:
Dopplereffekt in [GG] Abschn. 18.4, [DKV] Absch. 5.2.6.5, bei elektromagnetischen Wellen in Abschn. 8.2.3.

Anmerkung:
Ein für die Bestimmung einer physikalischen Größe G geeignetes Meßgerät liefert eine Anzeige A. Dabei interessieren folgende Fragen:
1. Wie genau ist das Meßgerät?
Die Abweichung des Meßwertes vom wahren Wert nennt man Fehler. Dieser sollte möglichst klein sein. Die *Genauigkeit* eines Meßgerätes ist eine Fehlerkenngröße. Der Hersteller des Meßgerätes versucht, alle bestimmbaren systematischen Fehler zu korrigieren. Die zufälligen Fehler werden durch statistische Methoden erfaßt. Die so bestimmte Genauigkeit bedeutet die Kenntnis der Meßunsicherheit. Dadurch kann ein Meßwert mit Fehlergrenzen angegeben werden:

$$G \pm \Delta G \qquad (36.1)$$

2. Wie empfindlich ist das Meßgerät?
Die *Empfindlichkeit* E ist der Quotient aus der Änderung der Anzeige δA und der sie verursachenden Änderung der Meßgröße δG, also

$$E = \delta A / \delta G \qquad (36.2)$$

Empfindliche Meßgeräte sind oft anfällig für Störungen und damit weniger genau. Ausführlichere Auskunft über das Messen, Meßgeräte, Angabe von Meßergebnissen usw. finden Sie in der Literatur, z.B. in [H], [GD], [W].

Hinweise zur Mathematik: $(1 + x)^n \approx 1 + nx$ für $x \ll 1$

Bearbeitungsvorschlag:
Wenn das Fahrzeug auf das Radargerät zufährt, würde es eine erhöhte Frequenz f' empfangen (bewegter Empfänger). Es reflektiert jedoch das Signal, so daß am Radargerät ein Signal mit der nochmals erhöhten Frequenz f empfangen wird. Wie groß ist die Frequenzerhöhung $(f - f_0)$? Nach [GG] Gl. (18.43) ist für Annäherung bei bewegtem Empfänger

$$f' = f_0(1 + v/c) \qquad (36.3)$$

und nach Gl. (18.44) bei bewegtem Sender

$$f = f'/(1 + v/c) \,. \qquad (36.4)$$

Aus den Gln. (36.3) und (36.4) folgt

$$f = f_0 \, \frac{1 + v/c}{1 - v/c} \, . \tag{36.5}$$

Mit dieser Formel gibt es a) eine prinzipielle und b) eine praktische Schwierigkeit:
a) Für elektromagnetische Wellen kann die Gl. (36.5) prinzipiell nicht richtig
sein, da es nur auf die Relativgeschwindigkeit zwischen Sender und Empfänger
ankommen darf. Das verlangt die spezielle Relativitätstheorie. Nach [DKV] Gl.
(8.30) wäre die richtige Formel anstelle von Gl. (36.5):

$$f = f_0 \, \frac{1 + v/c}{\sqrt{1 - (v/c)^2}} \, . \tag{36.6}$$

b) Die Größe v/c ist hier von der Größenordnung 10^{-9}. Die numerische Berechnung mit dem Taschenrechner nach Gl. (36.5) oder Gl. (36.6) wird zu ungenau
sein.
Durch Entwicklung der Gl. (36.5) oder Gl. (36.6) bekommen wir zwar nur eine
Näherungslösung, haben aber beide Schwierigkeiten umgangen. Bei der Vernachlässigung der Glieder (v/c) höherer Ordnung als 1 erhalten wir

$$f = f_0(1 + 2v/c) \, . \tag{36.7}$$

Nach Gl. (36.7) ist die relative Frequenzverschiebung

$$(f - f_0)/f_0 = 2v/c \, . \tag{36.8}$$

Mit dieser nützlichen Formel lassen sich die Fragen beantworten:
1. Die relative Genauigkeit der Geschwindigkeitsmessung ist

$$\Delta v/v = 5/50 = 0,1 \, , \cdot \tag{36.9}$$

die relative Genauigkeit des Radargeräts als Frequenzmesser ist nach Gl. (36.8)

$$\Delta f/f_0 = 2 \, \Delta v/c = 9 \cdot 10^{-9} \, . \tag{36.10}$$

2. Wir können das Radargerät als Bewegungsmelder betrachten. Dann muß es
so empfindlich sein, daß der Unterschied zwischen Ruhe und einer Bewegung z.B.
mit $v = 0,1$ m/s auf der Frequenzskala angezeigt wird. Nach Gl. (36.2) ist mit
$\delta A = f - f_0$, $\delta G = v$ und Gl. (36.8)

$$E = (f - f_0)/v = 2f_0/c = 60 \, \text{Hz}(\text{m/s})^{-1} \, . \tag{36.11}$$

Das entspricht einer Anzeige

$$\delta A = vE = 6 \, \text{Hz} \, . \tag{36.12}$$

Aufgabe 37: Wasserwellen

Für die Phasengeschwindigkeit c von Wellen, die an der Oberfläche einer Flüssigkeit (z.B. Wasser) entlang laufen, gilt, s. [GG] Gl. (18.20),

$$c^2 = \left(\frac{g_\mathrm{n}}{k} + \frac{\sigma k}{\rho} \right) \tanh(k \cdot h) \tag{37.1}$$

mit der Kreiswellenzahl $k = 2\pi/\lambda$, der Oberflächenspannung $\sigma = 7,25 \cdot 10^{-2}$ N/m bei $t = 20°$ C, der Dichte $\rho = 10^3$ kg/m³ und der Wasserhöhe h.

Fragen:

1. Wie groß ist die Grenzwellenlänge λ_M, die Schwerewellen von Kapillarwellen unterscheidet?

2. Bei welchen Wellenlängen gibt es
   a) keine Dispersion,
   b) normale Dispersion,
   c) anomale Dispersion?

3. Wie lautet die Dispersionsrelation $\omega(k)$?

4. Wie groß ist die Gruppengeschwindigkeit v_G?

5. Welchen Einfluß hat die Wasserhöhe h auf c?

6. Laufen Meereswellen mit großer Wellenlänge am flachen Strand schneller als solche mit kleiner Wellenlänge?

7. Mit welcher Geschwindigkeit laufen Ozeanwellen, die bei Seebeben entstehen können (z.B. $\lambda = 1$ km)?

Lösung:

Hinweise zur Physik: Wellen in [GG] Abschn. 18

Hinweise zur Mathematik: Tangens hyperbolicus in [BS] Abschn. 1.2.2.3:

$$\tanh(x) = \frac{e^x - e^{-x}}{e^x + e^{-x}}, \tag{37.2}$$

$$\tanh(x) \approx x \quad \text{für} \quad x \ll 1, \tag{37.3}$$

$$\tanh(x) \approx 1 \quad \text{für} \quad x \gg 1. \tag{37.4}$$

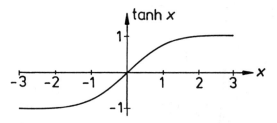

Fig. 37.1 Tangens hyperbolicus

Bearbeitungsvorschlag:
1. Je nachdem, welcher Rückstellmechanismus nach Störung der Wasseroberfläche überwiegt, unterscheiden wir zwischen Schwerewellen, s. Gl. (37.1),

$$g_n/k \gg \sigma k/\rho \tag{37.5}$$

oder Kapillarwellen

$$\sigma k/\rho \gg g_n/k . \tag{37.6}$$

Eine Bedingung für die Grenzwellenlänge

$$\lambda_M = 2\pi/k_M \tag{37.7}$$

ist

$$g_n/k_M = \sigma \cdot k_M/\rho . \tag{37.8}$$

Daraus folgt

$$\lambda_M = 2\pi \left(\frac{\sigma}{g_n \cdot \rho}\right)^{1/2} . \tag{37.9}$$

2. Wir können die Frage anhand der Funktion $c(\lambda)$ entscheiden:
a) $c(\lambda)$ konstant, keine Dispersion,
b) $c(\lambda)$ steigt, normale Dispersion,
c) $c(\lambda)$ fällt, anomale Dispersion.
Dazu müssen wir einen Überblick über den Funktionsverlauf haben, z.B. durch
graphische Darstellung mit einem Rechner, s. Fig. 37.2.
a) Nach Fig. 37.2 liegt bei λ_M ein Minimum (große Wassertiefe). Die Berechnung
mit Gl. (37.1), der Näherung Gl. (37.4) und der Bedingungen

$$dc/dk = 0 \tag{37.10}$$

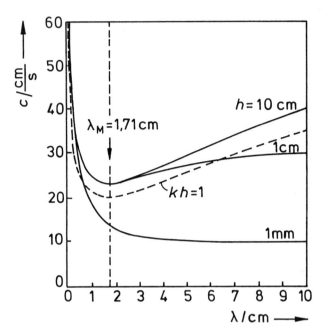

Fig. 37.2 Wasserwellen: Phasengeschwindigkeit c in Gl. (37.1) in Abhängigkeit von der Wellenlänge λ für verschiedene Wassertiefen h (Kapillarwellen links von λ_M, Schwerewellen rechts von λ_M, Tiefwasserwellen oberhalb von $kh = 1$, Flachwasserwellen unterhalb von $kh = 1$, s. Text).

bestätigt das. Die Ableitung Gl. (37.10) führt auf λ_M, s. Gl. (37.9) Weiter sehen wir bei großen Wellenlängen und kleinen Wassertiefen für $c(\lambda)$ einen konstanten Verlauf. Der analytische Ausdruck dafür ergibt sich aus Gl. (37.1) in der Näherung für Schwerewellen, s. Gl. (37.5), für flaches Wasser, s. Gl. (37.3):

$$c = \sqrt{g_n \cdot h} \ . \tag{37.11}$$

b) Normale Dispersion, s. Fig. 37.2, liegt bei Schwerewellen in tiefem Wasser vor. Aus Gl. (37.1) mit Gl. (37.5) für Schwerewellen und Gl. (37.4) für tiefes Wasser ist

$$c = \sqrt{g_n / k} \ . \tag{37.12}$$

c) Anomale Dispersion, s. Fig. 37.2, zeigen die Kapillarwellen, s. Gl. (37.6), unabhängig von der Wassertiefe.

3. Wegen

$$\omega = c \cdot k \tag{37.13}$$

ist mit Gl. (35.1)

$$\omega = \sqrt{(g_{\mathrm{n}}k + \sigma \cdot k^3/\rho)\ \tanh(k \cdot h)}\ . \tag{37.14}$$

4. Die Gruppengeschwindigkeit ist mit Gl. (37.13)

$$v_{\mathrm{G}} = \frac{\mathrm{d}\omega}{\mathrm{d}k} - c + k \cdot \frac{\mathrm{d}c}{\mathrm{d}k}\ . \tag{37.15}$$

Das Dispersionverhalten können wir auch anhand des Vergleichs von v_{G} mit der Phasengeschwindigkeit c diskutieren:

a) Für konstantes c (keine Dispersion) ist

$$v_{\mathrm{G}} = c\ . \tag{37.16}$$

b) Für normale Dispersion ist

$$v_{\mathrm{G}} < c\ ; \tag{37.17}$$

z.B. bekommen wir für die Schwerewellen in tiefem Wasser mit Hilfe der Gln. (37.15) und (37.12)

$$v_{\mathrm{G}} = 0,5\,(g_{\mathrm{n}}/k)^{1/2} = c/2\ . \tag{37.18}$$

c) Für anomale Dispersion ist

$$v_{\mathrm{G}} > c\ . \tag{37.19}$$

Für Kapillarwellen ist z.B.
− in tiefem Wasser

$$v_{\mathrm{G}} = 1,5\,c\ , \tag{37.20}$$

wovon man sich mit den Gln. (37.1), (37.6), (37.4) und (37.15) überzeugen kann,
− in flachem Wasser mit Gl. (37.3) anstelle von Gl. (37.4)

$$v_{\mathrm{G}} = 2\,c\ . \tag{37.21}$$

5. Der Einfluß der Wasserhöhe h auf c macht sich in der Gl. (37.1) durch die Funktion tanh ($k \cdot h$), s. Gl. (37.22) und Fig. 37.1, bemerkbar. Eine Unterscheidung zwischen flachem und tiefem Wasser ist durch die Bedingung

$$k \cdot h_{\mathrm{G}} = 1 \tag{37.22}$$

möglich. Diese wellenlängenabhängige Grenze ist in Fig. 37.2 eingezeichnet. Sie liegt nach Gl. (37.22) bei

$$h_G = \lambda/(2\pi) \ . \tag{37.23}$$

Näherungen für flaches Wasser, s. Gl. (37.3), und für tiefes Wasser, s. Gl. (37.4), haben wir unter den Punkten 2. und 3. benutzt.

6. Die Wasserhöhe am Strand sei $h < h_G$, s. Gl. (37.23), und $\lambda \gg \lambda_M$, s. Gl. (37.9). Dann handelt es sich um Schwerewellen in flachem Wasser, die nach Gl. (37.11) eine von der Wellenlänge unabhängige Geschwindigkeit $c = v_G$, s. Gl. (37.16), haben.

7. Das sind Schwerewellen in tiefem Wasser, s. Gl. (37.12), wenn $h > h_G$ ist.

Zahlenwerte:

1. Nach Gl. (37.9) ist $\lambda_M = 1,71\,\mathrm{cm}$.

6. Nehmen wir an, das Wasser am Strand sei knietief ($h = 50$ cm), dann ist nach Gl. (37.23) für alle Wellenlängen $\lambda > 3$ m, s. Gln. (37.11), (37.16) $c = v_G = 2,22$ m/s.

7. Nach Gl. (37.12) ist $c = 39,5$ m/s $= 142$ km/h für $h > 159$ m gemäß Gl. (37.23).

Aufgabe 38: Saite

Ein Stahldraht (Dichte $\rho = 7,7$ g/cm^3, Querschnitt $q = 2$ mm^2) ist entlang der x-Richtung mit einer Kraft $F = 600$ N gespannt. Der Draht wird nun in y-Richtung auf einen Steg gedrückt, wodurch eine Störung (Auslenkung in y-Richtung) zum festen Drahtende und zurück zum Steg läuft (Laufzeit t_L). Der Steg hat den Abstand $\ell = 1$ m vom Drahtende. Die Wellengleichung für die transversale Auslenkung y lautet:

$$\frac{\mathrm{d}^2 y}{\mathrm{d}t^2} = \frac{F}{q \cdot \rho} \frac{\mathrm{d}^2 y}{\mathrm{d}x^2} \ . \tag{38.1}$$

Fragen:

1. Welcher Zustand stellt sich nach der Zeit t_L ein?

2. Welche Frequenzen f haben die entstehenden Töne und wieviele fallen in den hörbaren Bereich?

3. Welche Beziehung besteht zwischen t_L und der Grundschwingungsdauer T_0?

Lösung:

Hinweise zur Physik:
Wellengleichung und ebene Welle in [GG] Gln. (18.14) und (18.22), stehende
Welle in [GG] Abschn. 18.4, Herleitung der Gl. (38.1) in [DKV] Abschn. 5.2.2.3.

Hinweis zur Mathematik:

$$\sin(a \pm b) = \sin a \cdot \cos b \pm \cos a \cdot \sin b \qquad (38.2)$$

Bearbeitungsvorschlag:
1. Die Phasengeschwindigkeit ist, s. Gl. (38.1), [GG] Gl. (18.14),

$$c = \sqrt{\frac{F}{q \cdot \rho}} . \qquad (38.3)$$

Sie hängt nicht von k bzw. λ ab (keine Dispersion), s. Aufgabe 37.
Der Zustand nach der Zeit t_L kann durch die Überlagerung einer hinlaufenden
Welle

$$y_1(x,t) = y_0 \sin(\omega t - kx) , \qquad (38.4)$$

und einer rücklaufenden Welle y_2 beschrieben werden. Diese Welle soll durch
verlustfreie Reflexion am "festen" Ende entstanden sein. Das bedeutet, daß sie
die gleiche Amplitude y_0 wie die Welle y_1, ihr gegenüber aber eine Phasenverschiebung von π hat:

$$y_2(x,t) = -y_0 \sin(\omega t + kx) . \qquad (38.5)$$

Addition und Anwendung von Gl. (38.2) ergibt

$$y(x,t) = y_1 + y_2 = -2\,y_0 \cdot \sin(kx) \cdot \cos(\omega t) . \qquad (38.6)$$

Gl. (38.6) beschreibt eine sogenannte *stehende Welle*, s. Fig. 38.1. Eine Aus-
breitungsgeschwindigkeit läßt sich nicht mehr beobachten, z.B. ruhen die Auslen-
kungsknoten. Die Saite schwingt mit einer räumlich periodischen Amplitude.
2. Die Saite kann am Ende und am Steg nicht mehr ausgelenkt werden (Knoten).
Der Knotenabstand ist nach Gl. (38.6) $\lambda/2$, so daß die Länge ℓ ein ganzzahliges
Vielfaches der halben Wellenlänge sein muß:

$$\ell = (n+1)\lambda_n/2 , \quad n = 0,1,2,\cdots . \qquad (38.7)$$

Die möglichen Wellenlängen sind

$$\lambda_n = 2\ell/(n+1) \qquad (38.8)$$

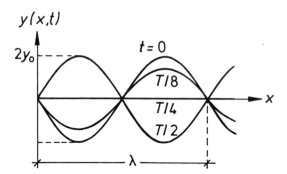

Fig. 38.1 Momentaufnahmen der stehenden Welle $y(x,t)$, s. Gl. (38.6), für die Zeiten $t = 0$, $T/8$, $T/4$, $T/2$

und die möglichen Frequenzen

$$f_n = \frac{1}{T_n} = \frac{c}{\lambda_n} = \frac{(n+1)c}{2\ell} . \tag{38.9}$$

Die Schwingung mit der größten Wellenlänge λ_0 und der kleinsten Frequenz f_0 nennt man *Grundschwingung* ($n = 0$).

3. Die Laufzeit ist

$$t_{\mathrm{L}} = 2\,\ell/c\,; \tag{38.10}$$

die Grundschwingungsdauer ist nach Gl. (38.9) für $n = 0$

$$T_0 = 2\,\ell/c\,, \tag{38.11}$$

also ist

$$t_{\mathrm{L}} = T_0 . \tag{38.12}$$

Zahlenwerte:

2. Nach Gl. (38.3) ist $c = 197$ m/s, nach Gl. (38.9) ist $f_n = (n+1) \cdot 98{,}7$ Hz . Der Grundton ($n = 0$) hat die Frequenz $f_0 = 98{,}7$ Hz und die Wellenlänge, s. Gl. (38.8), $\lambda_0 = 2$ m. In den hörbaren Bereich (16 Hz $\cdots$ 16 kHz) 16 kHz/98,7 Hz = 162 Töne.

Aufgabe 39: Schwingquarz

Die Phasengeschwindigkeit einer elastischen Längswelle in einem festen Körper ist, s. z.B. [DKV] Abschn. 5.2.2.3,

$$c = \sqrt{E/\rho}\,. \tag{39.1}$$

Aus kristallinem Quarz (Elastitätsmodul $E = 7,5 \cdot 10^{10}$ N/m^2, Dichte $\rho = 2{,}65$ g/cm^3) soll eine Platte (Dicke d) geschnitten werden, deren Grundschwingung eine Frequenz $f_0 = 1$ MHz hat.

Frage: Wie dick muß die Platte sein?

Lösung:

Hinweise zur Physik: s. Aufgabe 38

Bearbeitungsvorschlag:
Es bildet sich eine stehende Welle aus. Unabhängig davon, ob die Endflächen der Platte eingespannt (Schwingungsknoten) oder frei (Schwingungsbauch) sind, ist die Wellenlänge der Grundschwingung, s. Gl. (38.8)

$$\lambda_0 = 2\,d \tag{39.2}$$

und die Frequenz, s. Gln. (38.9) und (39.2),

$$f_0 = c/\lambda_0 = c/(2\,d) \tag{39.3}$$

Zahlenwerte:
Nach Gl. (39.1) ist $c = 5320$ m/s, nach Gl. (39.3) ist $d = 2,66$ mm.

Aufgabe 40: Planparallele Platte

Ein schmales paralleles Lichtbündel (Lichtstrahl) fällt unter dem Einfallswinkel $\alpha = 45°$ auf eine planparallele Platte (Dicke $d = 5$ mm, Brechungsindex $n = 1{,}5$). Der transmittierte Strahl erleidet einen Versatz s_T, s. Fig. 40.1 a). Der bei A reflektierte Strahl hat gegenüber dem an der unteren Fläche reflektierten und bei C austretenden Strahl einen Versatz s_R.

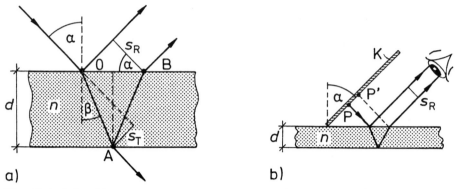

Fig. 40.1 a) Strahlversatz s_T, s_R an einer planparallelen Platte, b) Bestimmung der Glasdicke d an einer Scheibe.

Fragen:

1. Wie groß ist s_T in Abhängigkeit vom Einfallswinkel?

2. Wie groß ist s_R in Abhängigkeit vom Einfallswinkel?

Lösung:

Hinweise zur Physik:
Reflexion und Brechung von Licht in [GG] Abschn.18.3 2)

Hinweise zur Mathematik:

$$\sin(\alpha - \beta) = \sin \alpha \cdot \cos \beta - \cos \alpha \cdot \sin \beta , \tag{40.1}$$

$$\cos x = \sqrt{1 - \sin^2 x} . \tag{40.2}$$

Bearbeitungsvorschlag:
1. Nach dem Brechungsgesetz, s. [GG] Gln. (18.24), (18.25) ist

$$\sin \alpha = n \sin \beta \tag{40.3}$$

und nach Fig. 40.1 a)

$$\sin(\alpha - \beta) = s_T/\overline{OA}, \quad \cos \beta = d/\overline{OA}, \tag{40.4}$$

$$\frac{s_T}{d} = \frac{\sin(\alpha - \beta)}{\cos \beta} . \tag{40.5}$$

Durch Anwendung der Formeln, s. Gln. (40.1), (40.2), und des Brechungsgesetzes, s. Gl. (40.3), ist

$$\frac{s_{\mathrm{T}}}{d} = \left(1 - \frac{\cos \alpha}{\sqrt{n^2 - \sin^2 \alpha}}\right) \sin \alpha \, . \tag{40.6}$$

2. Nach Fig. 40.1 a) ist

$$\cos \alpha = s_{\mathrm{R}} / \overline{\mathrm{OB}}, \quad 2 \tan \beta = \overline{\mathrm{OB}} / d, \tag{40.7}$$

$$s_{\mathrm{R}} / d = 2 \tan \beta \cdot \cos \alpha \, . \tag{40.8}$$

Nach Anwendung der Gln. (40.2) und (40.3) ist

$$s_{\mathrm{R}} / d = \sqrt{\frac{1 - \sin^2 \alpha}{n^2 - \sin^2 \alpha}} \cdot 2 \sin \alpha \, . \tag{40.9}$$

Damit kann z.B. die Glasdicke d einer Fensterscheibe abgeschätzt werden, wenn sie nicht direkt meßbar ist. Dazu wird, s. Fig. 40.1 b), ein weißes Kartonblatt K unter dem Winkel $\alpha = 45°$ an die Scheibe gehalten. Man beobachtet parallel zum Kartonblatt die beiden Reflexe einer Linie P, die senkrecht zur Zeichenebene steht. Ihr Abstand $\overline{PP'} = s_{\mathrm{R}}$ kann bei bekanntem n nach Gl. (40.9) berechnet und auf K beobachtet und verglichen werden.

Zahlenwerte:
Für $\alpha = 45°$ ist $\sin \alpha = \cos \alpha = \sqrt{1/2}$, für $n = 1,5 = 3/2$ ist dann
$\sqrt{n^2 - \sin^2 \alpha} = \sqrt{7/4}$.
1. Nach Gl. (40.6) ist $s_{\mathrm{T}} = 5\,\mathrm{mm} \cdot 0,329 = 1,65\,\mathrm{mm}$.
2. Nach Gl. (40.9) ist $s_{\mathrm{R}} = 3,78\,\mathrm{mm}$.

Aufgabe 41: Lichtleiter
Eine zylindrische Glasfaser (Länge ℓ, Durchmesser $d \ll \ell$) besteht aus einem Kern (Brechungsindex $n_{\mathrm{K}} = 1,63$) und einem Mantel ($n_{\mathrm{M}} = 1,52$), s. Fig. 41.1. Die Faser wird an der Stirnseite diffus beleuchtet.

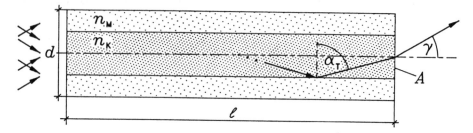

Fig. 41.1 Faser eines Lichtleiters, K - Kern, M - Mantel, 2γ - Divergenzwinkel.

Fragen:

1. Unter welchem Divergenzwinkel 2γ tritt das Licht am Ende durch die ebene Austrittsfläche in die Luft aus?

2. Wie groß ist die numerische Apertur $\sin\gamma$ der Faser?

Lösung:

Hinweise zur Physik:
Brechung, Totalreflexion in [GG] Abschn. 18.3, numerische Apertur in [GG] Abschn. 21.2.

Hinweise zur Mathematik: $\sin(90° - \alpha) = \cos\alpha$, $\cos\alpha = \sqrt{1 - \sin^2\alpha}$.

Bearbeitungsvorschlag:
Wir betrachten nur die Lichtausbreitung im Kern der Faser. Die eindringenden Lichtstrahlen werden an der Grenzfläche zwischen Kern und Mantel reflektiert. Dabei werden Strahlen mit dem Einfallswinkel $\alpha < \alpha_T$ bei jeder Reflexion geschwächt und erreichen das Ende der Faser nicht. Strahlen mit $\alpha \geq \alpha_T$ werden totalreflektiert und treten nach Brechung an der Austrittsfläche A unter dem Winkel γ aus, s. Fig. 41.1.
Für diese Brechung ist, s. [GG] Gln. (18.24), (18.25)

$$\frac{\sin(90° - \alpha_T)}{\sin\gamma} = \frac{\cos\alpha_T}{\sin\gamma} = \frac{1}{n_K}, \qquad (41.1)$$

$$\sin\gamma = n_K \cdot \cos\alpha_T. \qquad (41.2)$$

Für den Grenzwinkel der Totalreflexion α_T gilt, s. [GG], Gl. (18.26),

$$\sin\alpha_T = n_M/n_K. \qquad (41.3)$$

Aus Gl. (41.2) folgt mit Gl. (41.3) für die *numerische Apertur*

$$\sin \gamma = \sqrt{n_K^2 - n_M^2} \,. \tag{41.4}$$

Anmerkung:
Der Austrittswinkel γ kann höchstens $90°$ sein. Wegen $\sin \gamma \leq 1$, s. Gl. (41.4), folgt $n_K^2 - n_M^2 \leq 1$. Für eine Faser ohne Mantel ($n_M = 1$) bedeutet das $n_K \leq \sqrt{2}$. Bei Umkehr der Strahlrichtung kann γ auch als Akzeptanzwinkel der Faser angesehen werden.

Zahlenwerte:
Grenzwinkel der Totalreflexion aus Gl. (41.3):
$\sin \alpha_T = 1,52/1,63 . \rightarrow \alpha_T = 68,8°$
1. Halber Divergenz- bzw. Akzeptanzwinkel aus Gl. (41.2):
$\sin \gamma = 1,63 \cdot \cos \alpha_T \rightarrow \gamma = 36,1°$.
2. Numerische Apertur aus Gl. (41.4): $\sin \gamma = 0,589$.

Aufgabe 42: Prisma
Ein Lichtstrahl wird beim Durchgang durch ein Prisma (Brechungsindex n, brechender Winkel γ) zweimal gebrochen und dadurch um einen Winkel δ abgelenkt. Der Ablenkwinkel ist minimal $\delta = \delta_M$, wenn das Prisma symmetrisch durchstrahlt wird (Einfallswinkel α = Ausfallswinkel α), s. Fig. 42.1.

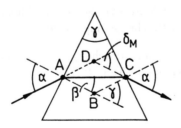

Fig. 42.1 Strahlablenkung an einem Prisma.

Der Ablenkwinkel δ_M hängt dann nur noch von γ, n und nicht mehr von α ab. Für Gläser ist n eine Funktion von von λ (Dispersion). Für die Wellenlängen bestimmter Linien (Fraunhofer-Linien) im Absorptionsspektrum der Sonne werden für zwei verschiedene Glassorten die Brechungsindizes in Tab. 42.1 angegeben.

Fraunhofer-Linie	Wellenlänge λ/nm	Farbe	Brechungsindex n	
			Borkron-glas (BK7)	Quarzglas
C	656,3	Rot	1,5143	1,4566
d	587,6	Gelb	1,5168	1,4587
F	486,1	Blaugrün	1,5224	1,4632

Fig. 42.1 Brechungsindex von Gläsern bei bestimmten Wellenlängen (Fraunhofer-Linien) im sichtbaren Spektralbereich

Ein Glasprisma lenkt das Licht also nicht nur ab, sondern fächert es auch nach Farben auf. Ein Maß für die entsprechenden Eigenschaften des Glases ist das Verhältnis von mittlerer Brechung

$$n_\mathrm{d} - 1 \tag{42.1}$$

zur mittleren Auffächerung

$$n_\mathrm{F} - n_\mathrm{C} . \tag{42.2}$$

Diese Größe heißt *Abbe-Zahl*

$$\nu_\mathrm{d} = \frac{n_\mathrm{d} - 1}{n_\mathrm{F} - n_\mathrm{C}} . \tag{42.3}$$

Sie faßt die brechenden und die farbzerlegenden Eigenschaften eines Glases zusammen.

Fragen:

1. Wie ist der Zusammenhang zwischen dem Ablenkwinkel δ_M bei minimaler Ablenkung und dem Brechungsindex n des Glases?

2. Wie groß sind die mittlere Brechung, die mittlere Auffächerung und die Abbe-Zahl für die Gläser in Tab. 42.1?

Lösung:

Hinweise zur Physik:
Brechung in [GG] Abschn. 18.3 2b), Prisma, Dispersion in [GG] Abschn. 22.2.

Hinweis zur Mathematik: Näherung sin $x \approx x$ für $x \ll 1$

Bearbeitungsvorschlag:
1. Wir benutzen die Fig. 42.1 für die Herleitung:

Für die Brechung in A oder C ist

$$\sin \alpha = n \cdot \sin \beta \ . \tag{42.4}$$

Am Dreieck ACD ist

$$2(\alpha - \beta) = \delta_M \ , \tag{42.5}$$

am Dreieck ABC ist

$$2\beta = \gamma \ . \tag{42.6}$$

Mit den Gln. (42.5) und (42.6) folgt aus Gl. (42.4)

$$n = \frac{\sin((\delta_M + \gamma)/2)}{\sin(\gamma/2)} \ . \tag{42.7}$$

Für kleine Winkel δ_M und γ ist, s. [GG] Fig. 18.17,

$$\delta_M = (n - 1)\gamma \ , \tag{42.8}$$

auch für den unsymmetrischen Strahlengang.

2. Wir können anhand von Gl. (42.8) verstehen, daß (42.1) ein Maß für die mittlere Brechung ist, wenn man für n einen Wert etwa in der Mitte des sichtbaren Spektralbereichs, z.B. n_d für gelbes Licht, s. Tab. 42.1, einsetzt. Ebenso ist einleuchtend, daß $n_F - n_C$, s. Gl. (42.2), ein Maß für die Auffächerung, also z.B. für die Breite des Spektrums ist, das man mit einem Prisma erzeugen kann. Mit Tab. 42.2 können die entsprechenden Werte und nach Gl. (42.3) die Abbe-Zahlen für die beiden Gläser angegeben werden.

Zahlenwerte:
Nach Gl. (42.3) und Tab. 42.1: $\nu_d = 63,8$ für BK7, $\nu_d = 69,5$ für Quarzglas.

Aufgabe 43: Chromatische Aberration

Bei der optischen Abbildung mit Linsen macht sich die Dispersion $n(\lambda)$ störend als Farbfehler bemerkbar. Als Maß für den Farbfehler kann die Differenz der Brennweiten für rotes und blaues Licht, s. Tab. 42.1,

$$f_C - f_F \ , \tag{43.1}$$

der relative Farbfehler

$$(f_C - f_F)/f_d \tag{43.2}$$

angegeben oder die Abbe-Zahl ν_d, s. Gl. (42.3), benutzt werden. Gegeben sei eine Bikonvexlinse mit den Krümmungsradien $r_1 = r_2 = r = 10$ cm aus dem optischen Glas BK7, s. Tab. 42.1.

Fragen:

  1. Wie groß sind die Brennweiten f_C, f_F, f_d und die Farbfehler nach (43.1) und (43.2)?

  2. Wie ist der Zusammenhang zwischen den Brennweiten f_C, f_F, f_d und der Abbe-Zahl ν_d?

Lösung:

Hinweise zur Physik:
Linsenformel in [GG] Gl. (19.4), Dispersion in [GG] Abschn. 22.2, Abbe-Zahl in Aufgabe 42.

Bearbeitungsvorschlag:
1. Mit der Linsenformel, s. [GG] Gl. (19.4),

$$\frac{1}{f} = (n - 1)\left(\frac{1}{r_1} + \frac{1}{r_2}\right) \tag{43.3}$$

ist für eine Bikonvexlinse

$$f = \frac{r}{2(n - 1)}. \tag{43.4}$$

2. Mit Gl. (43.4) ist

$$n_d - 1 = \frac{r}{2f_d}, \tag{43.5}$$

$$n_F - n_C = \frac{r}{2}\left(\frac{1}{f_F} - \frac{1}{f_C}\right). \tag{43.6}$$

Division von Gl. (43.5) und Gl. (43.6) ergibt nach Gl. (42.3)

$$\nu_d = \frac{1}{f_d}\left(\frac{1}{f_F} - \frac{1}{f_C}\right)^{-1} = \frac{1}{f_d}\left(\frac{f_C\, f_F}{f_C - f_F}\right). \tag{43.7}$$

Mit der Näherung

$$f_C\, f_F \approx f_d^2 \tag{43.8}$$

ist der relative Farbfehler, s. Gl. (43.2),

$$(f_C - f_F)/f_d = 1/\nu_d \,. \tag{43.9}$$

Zahlenwerte:
Nach Gl. (43.4) mit den Werten n_C, n_F, n_d aus Tab. 42.1 für BK7 ist
$f_C = 9{,}722$ cm, $f_F = 9{,}571$ cm, $f_d = 9{,}675$ cm.
Der absolute Farbfehler nach Gl. (43.1) ist $f_C - f_F = 1{,}5$ mm , der relative
Farbfehler nach (43.2) 1,56% bzw. nach Gl. (43.9) $1/\nu_d = 1/63{,}8 = 1{,}57\%$.

Aufgabe 44: Stehende Welle

Sie hören im Autoradio eine wichtige Verkehrsmeldung des WDR 2 von einem
Sender ($f = 100{,}8$ MHz), der sich hinter Ihnen befindet. Beim Halten hinter
einem Lkw, dessen Rückseite die Radiowellen reflektiert, bleibt der Empfang aus,
obwohl das Empfangsgerät in Ordnung ist.

Frage: Wie können Sie den Empfang wieder herstellen?

Lösung:

Hinweise zur Physik:
Längsinterferenzen, stehende Welle in Aufgabe 38, [GG] Abschn. 18.4.

Bearbeitungsvorschlag:
Die Radiowelle wird von der Rückseite des Lkw reflektiert. Es hat sich eine
stehende Welle gebildet. Die elektrische Feldstärke hat einen Knoten an der
Rückseite des Lkw und einen am Ort Ihrer Autoantenne (kein Empfang). Um
wieder Empfang zu bekommen, kann die Antenne durch Vor- oder Zurückfahren
um eine Strecke s in einen Bauch der elektrischen Feldstärke gebracht werden.
Wir wissen von der stehenden Welle, daß der Knotenabstand gleich $\lambda/2$ ist, s.
z.B. Fig. 38.1. Der Abstand zwischen Knoten und Bauch ist dann $\lambda/4$, also

$$s = \lambda/4 \tag{44.1}$$

und mit der Lichtgeschwindigkeit

$$c = \lambda \cdot f \tag{44.2}$$
$$s = c/(4\,f) \tag{44.3}$$

für die Strecke, die das Auto vor- oder zurückgefahren werden muß.

Zahlenwert: Nach Gl. (44.3) ist $s = 0{,}74$ m .

Aufgabe 45: Fotografie

Mit einer Kleinbildkamera (Negativformat 24×36 mm^2, Objektivbrennweite $f = 50$ mm) wird ein Kirchturm (Höhe 40 m) fotografiert. Das Foto (Positiv) soll bei (einäugiger) Betrachtung aus Normsehweite ($s_0 = 25$ cm) einen möglichst natürlichen Eindruck machen.

Frage: Wie groß muß das Foto sein?

Lösung:

Hinweise zur Physik:
Strahlenoptik, Abbildungsgleichung, Vergrößerung in [GG] Abschn. 19

Anmerkung:
Eine Kamera erzeugt vom dreidimensionalen Raum eine zweidimensionale Projektion auf dem Negativ, s. Fig. 45.1 a). Dabei werden Bildgrößen B_N registriert, nicht aber die Entfernungen (Gegenstandsweiten). Ähnlich ist es beim Sehen mit dem Auge: Das Bild auf der Netzhaut enthält keine direkte Aussage über die Gegenstandsweite a. Die Abschätzung der Entfernung eines Objekts (Gegenstands) entnehmen wir unserer Erfahrung über seine Größe: Wenn eine Kirche und ein Auto ein "gleichgroßes" Netzhautbild erzeugen, schließen wir daraus, daß die Kirche weiter entfernt als das Auto ist. (Das beidäugige, räumliche Sehen spielt nur im Nahbereich eine Rolle.) Ein normales Foto ist zunächst, unabhängig von seiner Größe, ein im geometrischen Sinn ähnliches Bild B_V des Negativbildes B_N, s. Fig. 45.1 b). Ein natürlicher Eindruck entsteht, wenn das Foto so betrachtet wird, daß es ein ebensogroßes Netzhautbild erzeugt wie in dem Fall, daß sich das Auge anstelle der Kamera befunden hätte. Das Foto sollte also einäugig aus der "richtigen" Entfernung betrachtet werden, s. Fig. 45.1 c).

Bearbeitungsvorschlag:
Weil im Auge die Bildweite (Abstand von der Linse zur Netzhaut) konstant ist, bedeutet die Erhaltung der Bildgröße eine Erhaltung des Sehwinkels $\varphi/2$.
Aus Fig. 45.1a) folgt

$$\tan(\varphi/2) = B_N/b \, . \tag{45.1}$$

Die Vergrößerung, s. [GG] Gl. (19.10), die wir hier besser *Abbildungsmaßstab* V_A nennen wollen, ist

$$V_A = B_N/G = b/a \, . \tag{45.2}$$

Aus Fig. 43.1 c) folgt

$$\tan(\varphi_A/2) = B_V/s_0 \, . \tag{45.3}$$

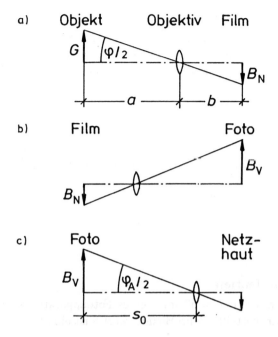

Fig. 45.1 Fotografie: a) Aufnahme,   b) Vergrößerung,   c) Betrachtung.

Es soll $\varphi = \varphi_A$ sein, also ist mit den Gln. (45.1) und (45.3)

$$B_N/b = B_V/s_0 \ .\tag{45.4}$$

Die Bildweite b wird mit Hilfe der Abbildungsgleichung, s. [GG] Gl. (19.3),

$$\frac{1}{a} + \frac{1}{b} = \frac{1}{f}\tag{45.5}$$

und der Gl. (45.2) durch V_A ersetzt:
Es ist

$$\frac{1}{b}(1 + V_A) = \frac{1}{f}, \quad b = f(1 + V_A) \ .\tag{45.6}$$

Damit folgt aus Gl. (45.4)

$$B_V = \frac{B_N \cdot s_0}{f(1 + V_A)} \ .\tag{45.7}$$

Zahlenwerte:
Abbildungsmaßstab bei der Aufnahme nach Gl. (45.2) mit $G = 40$ m,
$B_N = 36$ mm: $V_A = 9 \cdot 10^{-4}$. Größe des Fotos nach Gl. (45.7) $B_V = 18$ cm. Das
Bildformat bei der Betrachtung aus der Entfernung $s_0 = 25$ cm muß also eine
Vergrößerung des Negativformats sein. Das Foto (Positiv) sollte die Größe
18 cm · 12 cm haben.

Anmerkung:
Für Aufnahmen mit der Kleinbildkamera ($B_N = 36$ mm) hängt die Größe des
Fotos für eine günstige Betrachtung aus der Normsehweite $s_0 = 25$ cm im we-
sentlichen von der Objektivbrennweite f ab. Aus Gl. (45.7) folgt für $V_A \ll 1$:

$$B_V \cdot f = 9000 \text{ mm}^2 = 90 \text{ cm}^2.   \tag{45.8}$$

Aufgabe 46: Schärfentiefe

Das Objektiv (Brennweite $f = 50$ mm) eines Fotoapparates ist auf die Gegenstandsweite a_1 scharf gestellt. Beim Blendenwert 8 ist eine Schärfentiefe von 5 m
bis ∞ angegeben.

Fragen:

  1. Wie groß ist der Zerstreuungskreis (Durchmesser s) in der Filmebene für
     den Bereich der Schärfentiefe?

  2. Wie groß ist a_1?

Lösung:

Hinweise zur Physik:
Ideale Abbildung, Abbildungsgleichung in [GG] Abschn. 19.1, Schärfentiefe in
[GG] Abschn. 19.3, Blendenwert in [GG] Abschn. 20.2.

Anmerkung:
In einer fotografischen Schicht werden durch Licht Silberhalogenide zu Silber
reduziert. Nach der Entwicklung enthält die Schicht an den belichteten Stellen
Silberkörner, die eine gewisse Größe haben. Wegen dieser Körnigkeit kann die
Schicht nicht zwischen einer geometrisch punktförmigen Abbildung und einer
etwas unscharfen Abbildung unterscheiden. Auf dem Film ist also anstelle eines
Bildpunktes ein Zerstreuungskreis in der Größe eines Silberkorns zulässig. Die

hier gestellte Aufgabe besteht darin, aus den Angaben auf einem Fotoobjektiv die Größe des zugrundeliegenden Zerstreuungskreises zu berechnen.

Bearbeitungsvorschlag:
Wir betrachten die ideale Abbildung eines Gegenstandspunktes auf der optischen Achse im Rahmen der geometrischen Optik. Weder die Beugung des Lichts noch Abbildungsfehler werden berücksichtigt. In Fig. 46.1 ist zu sehen, wie die abbildenden Bündel zur Gegenstandsweite ∞ (Abbildung im Brennpunkt F) bzw. zu $a_5 = 5$ m (Abbildung in P) den Zerstreuungskreis (Durchmesser s) in der Filmebene (Bildweite $f + x_1$) erzeugen. Er ergibt sich als Schnittkreis der beiden kegelförmigen Bündel.

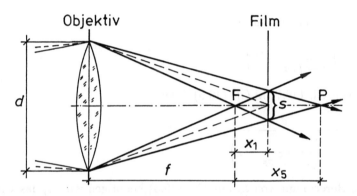

Fig. 46.1 Zerstreuungskreis (Durchmesser s) in der Filmebene

1. Aus Fig. 46.1 entnehmen wir für s:

$$s/x_1 = d/f \qquad (46.1)$$

und

$$\frac{s}{x_5 - x_1} = \frac{d}{f + x_5}, \qquad (46.2)$$

wobei d der Durchmesser der Objektivblende, f/d der Blendenwert bzw. d/f die relative Öffnung des Objektivs ist.
Den allgemeinen Zusammenhang zwischen der Gegenstandsweite a und der Bildweite $f + x$ liefert die Abbildungsgleichung, s. [GG] Gl. (19.3),

$$\frac{1}{a} + \frac{1}{f + x} = \frac{1}{f}. \qquad (46.3)$$

Daraus folgt

$$x = f\left(\frac{a}{a-f} - 1\right).$$ (46.4)

Damit folgt aus Gl. (46.1) für unser Problem

$$s = d\left(\frac{a_1}{a_1-f} - 1\right).$$ (46.5)

Wir können x_1 aus den Gln. (46.1) und (46.2) eliminieren und erhalten

$$s = \frac{d}{1 + 2f/x_5}.$$ (46.6)

Die Gl. (46.4) liefert uns für x_5:

$$x_5 = f\left(\frac{1}{1 - f/a_5} - 1\right).$$ (46.7)

Einsetzen von Gl. (46.7) in Gl. (46.6) liefert

$$s = \frac{d}{1 + 2\left(\dfrac{1}{1 - f/a_5} - 1\right)^{-1}}.$$ (46.8)

2. Für die Berechnung von a_1 aus Gl. (46.3) benötigen wir x_1, das wir aus Gl. (46.1) bekommen:

$$x_1 = sf/d,$$ (46.9)

$$\frac{1}{a_1} = \frac{1}{f} - \frac{1}{f + x_1}.$$ (46.10)

Zahlenwerte:
1. Mit $f = 5$ cm, $a_5 = 5$ m ist $f/a_5 = 0,01$ und nach Gl. (46.7) $x_5 = 505\,\mu$m, mit $d = f/8$ ist nach Gl. (46.6) $s = 31,4\,\mu$m. Das entspricht dem üblichen Wert von $(1/30)$ mm.
2. Aus Gl. (46.9) ergibt sich mit $f/d = 8$: $x_1 = 8s = 251\,\mu$m und aus Gl. (46.10) $a_1 = 10,0$ m.

Aufgabe 47: Beugung am Spalt

Ein Spalt (Breite $s = 0{,}2$ mm) wird mit einem Helium-Neon-Laser (Wellenlänge $\lambda = 633$ nm) beleuchtet. Die Beugungsfigur wird auf einem Schirm im Abstand a vom Spalt beobachtet.

Frage:
Wie breit ist das zentrale Helligkeitsmaximum auf dem Schirm

   a) ohne Verwendung einer Linse,

   b) bei Abbildung mit einer Linse (Brennweite $f = 200$ mm, $a \approx f$)?

Lösung:

Hinweise zur Physik:
Querinterferenzen in [GG] Abschn. 18.4, Beugung am Einzelspalt in [GG] Abschn. A7.2.

Bearbeitungsvorschlag:
Als Breite des zentralen Helligkeitsmaximums wollen wir den Abstand $2x_1$ der Beugungsminima erster Ordnung auf dem Schirm ansehen. Eine einfache Überlegung liefert für die Winkel φ, unter denen *Minima* auftreten, s.a. [GG] Gl. (A7.22),

$$\sin\varphi_m = m\lambda/s, \quad m = \pm1, \pm2, \pm3, \cdots . \tag{47.1}$$

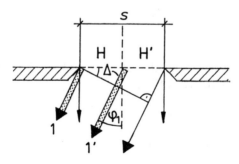

Fig. 47.1 Beugung am Spalt

Anmerkung:
Zur Herleitung dieser Beziehung teilen wir den Spalt in zwei gleiche Hälften H und H', s. Fig. 47.1. Wir suchen zu jedem Lichtbündel aus der einen Hälfte eines aus der anderen Hälfte, z.B. 1 und 1', so daß sich die Bündel paarweise auslöschen.

Der Gangunterschied zwischen ihnen sei Δ. Die Überlagerung (Interferenz) aller Lichtbündel ergibt vollständige Auslöschung (Minima der Intensität), wenn

$$\Delta = m\lambda/2, \quad m = \pm 1, \pm 2, \pm 3, \cdots \tag{47.2}$$

ist. Andererseits ist, s. Fig. 47.1,

$$\Delta = (s/2)\sin\varphi \ . \tag{47.3}$$

Aus den Gln. (47.2) und (47.3) folgt die Gl. (47.1).
Beachten Sie bitte die Ähnlichkeit zu der Bedingung für die *Maxima* bei einer Doppelquelle (Abstand d), s. [GG] Gl. (18.41),

$$\sin\varphi_m = m\lambda/d, \quad m = \pm 0, \pm 1, \cdots \ , \tag{47.4}$$

die auch für ein Gitter (Gitterkonstante d) gilt, s. [GG] Gl. (18.42).
Wir haben paralleles Licht angenommen (Fraunhofersche Beugung). Die Überlagerung paralleler Bündel findet praktisch
a) in (unendlich) großem Abstand a vom Spalt statt oder wird
b) durch Brechung mit Hilfe einer Linse (Brennweite f) herbeigeführt.
Es ist im Fall a) $a \gg s$

$$\tan\varphi_1 = x_1/a \ , \tag{47.5}$$

b) s. Fig. 47.2,

$$\tan\varphi_1 = x_1/f \ . \tag{47.6}$$

Für kleine Winkel φ ist

$$\tan\varphi \approx \sin\varphi \approx \varphi \ , \tag{47.7}$$

so daß wir für die Breite des zentralen Maximums bzw. den Abstand der Minima 1. Ordnung ($m = \pm 1$) aus Gl. (47.1)

$$\varphi_1 - \varphi_{-1} = 2\varphi_1 = 2\lambda/s \tag{47.8}$$

und daraus im Fall a) mit Gl. (47.5)

$$x_1 - x_{-1} = 2x_1 = 2a\lambda/s \tag{47.9}$$

und im Fall b) mit Gl. (47.6)

$$x_1 - x_{-1} = 2x_1 = 2f\lambda/s \tag{47.10}$$

erhalten.

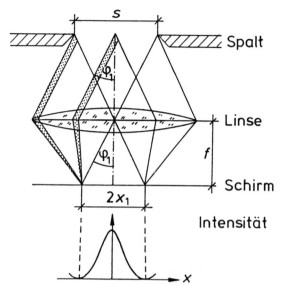

Fig. 47.2 Beobachtung der Beugung am Spalt in parallelem Licht mit einer Linse

Zahlenwerte:
Nach Gl. (47.8) ist $2\varphi_1 = 6,33 \cdot 10^{-3}$.
a) Nach Gl. (47.9) ist $2x_1 = 3,17\,\text{cm}$.
b) Nach Gl. (47.10) ist $2x_1 = 1,27\,\text{mm}$.

Aufgabe 48: CCD-Kamera

Eine CCD (charge coupled device)-Kamera enthält anstelle eines Films einen Sensor, auf dem aufgrund der Abbildung durch das Objektiv ein (gerastertes) Ladungsbild entsteht. Der Grund für die Rasterung sind die diskreten lichtempfindlichen Elemente, sog. Pixel, die z.B. 19 μm · 19 μm groß sind. Ein weit entferntes Objekt soll mit dem Objektiv (Brennweite $f = 50$ mm, Blendendurchmesser d) abgebildet werden.

Fragen:

1. Wodurch wird die Bildauflösung bestimmt?

2. Wie groß ist das Beugungsscheibchen für die Abbildung eines Punktes mit dem Objektiv bei "Blende 8"?

3. Bis zu welchem kleinsten Blendendurchmesser d_K ist die Auflösung durch das Pixelraster bestimmt?

Lösung:

Hinweise zur Physik: s. Aufgabe 47

Bearbeitungsvorschlag:
1. Das Pixelraster (Rasterkonstante $a \approx 19 \, \mu$m) bestimmt die Bildauflösung im Grenzfall von scharfen Bildern (Bildpunkten). Der Abstand b von zwei Bildpunkten darf nicht kleiner als a sein, s. Fig. 48.1. Ein weit entfernter Objektpunkt wird jedoch in der Brennweite des Objektivs nicht als Punkt abgebildet, sondern erscheint als Beugungsscheibchen (Radius r_1), mit dem wir uns als Bildersatz begnügen müssen. Der Durchmesser eines Beugungsscheibchens darf nicht größer als a sein.

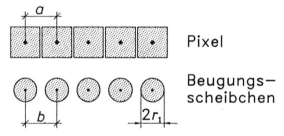

Fig. 48.1 Rasterbegrenzte Bildauflösung $b = a$, $2r_1 < a$

Die Bildauflösung wird für $2r_1 < a$ durch das Raster, für $2r_1 > a$ durch die Beugung an der Objektivblende bestimmt.

2. Die Beugung an einer kreisförmigen Blende ist im wesentlichen gleich der am Spalt, s. Aufgabe 47. Anstelle des Streifenmusters entsteht ein Ringsystem. Den Radius des zentralen Maximums r_1 erhalten wir analog zu Gl. (47.10):

$$r_1 = 1,22 \cdot (f/d) \cdot \lambda \,, \tag{48.1}$$

wobei die Spaltbreite s durch den Blendendurchmesser d ersetzt wurde. Der Faktor 1,22 ist eine Folge der Kreisgeometrie, f/d ist der Blendenwert.
3. Den kleinsten Blendendurchmesser d_K bekommen wir für $2r_1 = a$ aus Gl. (48.1):

$$d_K = 2 \cdot 1,22 \cdot f \cdot \lambda/a \,. \tag{48.2}$$

Zahlenwerte:
Im sichtbaren Spektralbereich (mittlere Wellenlänge $\lambda = 0,55 \, \mu$m) ist
2. $r_1 = 5,37 \, \mu$m nach Gl. (48.1) für $f/d = 8$,
3. $d_K = 3,53$ mm nach Gl. (48.2) für $a = 19 \, \mu$m.

Für das gegebene Objektiv ist also die Bildauflösung bis zum Blendenwert $f/d_K = 14$, s. Gl. (48.2), durch das Raster auf dem Sensor und nicht durch die Beugung an der Blende bestimmt.

Aufgabe 49: Diaprojektor

Mit einem Diaprojektor sollen Dias (Größe $36 \cdot 24$ mm^2) sowohl im Hochformat als auch im Querformat auf eine Wand projiziert werden. Rechnen Sie mit folgenden Daten: Abstand Glühwendel - Dia $g = 22$ mm, Abstand Dia - Objektiv $e = 92$ mm, Abstand Objektiv - Wand $\ell = 4$ m, Größe der Glühwendel $6 \cdot 6$ mm^2.

Annahmen:
Feldlinse (Kondensor) und Objektiv sind dünne Linsen. Die Feldlinse befindet sich am Ort des Dias.

Fragen:

1. Wie unterscheiden sich Abbildungs- und Beleuchtungsstrahlengang?

2. Wie groß ist das Bild auf der Wand?

3. Wie groß sind Brennweite f, Durchmesser d und relative Öffnung d/f für die Feldlinse (Kondensor) und das Objektiv?

Lösung:

Hinweise zur Physik:
Optische Abbildung in [GG] Abschn. 19.1, Abbildungsgleichung in [GG] Gl. (19.3), Vergrößerung in [GG] Gl. (19.10), relative Öffnung in [GG] Abschn. 20.2, Diaprojektor in [GG] Abschn. 20.4.

Bearbeitungsvorschlag:
1. Machen Sie sich Wirkungsweise und Aufbau des Diaprojektors klar und zeichnen Sie den Strahlengang, s. Fig. 49.1, selbst.
Optische Abbildung erkennt man anhand von Strahlengängen daran, daß Strahlen, die von einem (Gegenstands-)Punkt ausgehen, sich in einem (Bild-)Punkt schneiden. Dazu ist es notwendig, mindestens zwei geeignete Strahlen durch das optische System zu verfolgen. Der Diaprojektor ist ein *abbildendes* optisches Gerät. Er erzeugt ein (reelles) Bild des Dias auf der Wand. Das erkennt man am *Abbildungsstrahlengang*. In Fig. 49.1 stellen die Strahlen 1 und 2 einen solchen dar. Ein Punkt P des Dias wird durch das Objektiv in einen Punkt P'

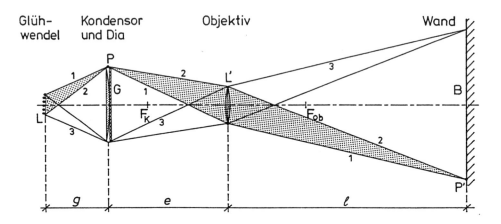

Fig. 49.1 Diaprojektor: Strahlengang für die Abbildung (P → P') mit den Strahlen 1,
2 und für die Beleuchtung (L → L') mit den Strahlen 2, 3

auf der Wand abgebildet (P → P'). Außerdem ist an diesem Abbildungsstrahlengang zu sehen, daß der Punkt P von allen Punkten der Glühwendel beleuchtet
wird. Dagegen zeigen die Strahlen 2 und 3 die Abbildung der Glühwendel auf
das Objektiv (L → L') durch die Feldlinse (Kondensor). Auf diese Weise wird
das Licht durch das Objektiv geleitet. Jeder Punkt der Glühwendel (z.B. L) beleuchtet zuerst alle Punkte des Dias und dann alle Punkte der Projektionsfläche.
Die Strahlen 2 und 3 in Fig. 49.1 stellen den *Beleuchtungsstrahlengang* dar, der
in [GG], Fig. 20.5 d) getrennt gezeichnet ist.
2. Weil der Diaprojektor ein abbildendes Gerät ist, können wir den Abbildungsmaßstab (Vergrößerung), s. Fig. 49.1 und [GG] Gl. (19.10) angeben:

$$V_A = B/G = \ell/e \,,$$ (49.1)

wobei B die Bildbreite auf der Wand und G die Breite des Dias ist.
3. Die Brennweiten f lassen sich aus der Abbildungsgleichung berechnen, s. Fig.
49.1. Die Feldlinse bildet die Glühwendel in das Objektiv ab:

$$\frac{1}{f_F} = \frac{1}{g} + \frac{1}{e} \,.$$ (49.2)

Damit die quadratische Glühwendelfläche in das kreisförmige Objektiv abgebildet
werden kann, muß die Diagonale des Quadrats $\sqrt{2}\,w$, w - Seitenlänge, mit dem
Kreisdurchmesser d_{OB} verglichen werden. Der Abbildungsmaßstab ist

$$d_{OB}/(\sqrt{2}w) = e/g \,.$$ (49.3)

In der Ebene der Dias muß das Licht aus einem Quadrat mit der Seitenlänge 36 mm durch das Objektiv geleitet werden. Die Feldlinse steht (fast) am gleichen Ort wie das Dia. Ihr Durchmesser muß so groß wie die Diagonale des Quadrats sein:

$$d_\mathrm{F} = \sqrt{2} \cdot 36\,\mathrm{mm}\,. \tag{49.4}$$

Das Objektiv bildet das Dia auf die Wand ab:

$$\frac{1}{f_\mathrm{OB}} = \frac{1}{e} + \frac{1}{\ell}\,; \tag{49.5}$$

für $\ell \gg e$ ist

$$f_\mathrm{OB} \approx e\,. \tag{49.6}$$

Die relative Öffnung d/f wird auf Objektiven in der Form

$$d/f = 1 : K \tag{49.7}$$

mit dem Blendenwert

$$K = d/f \tag{49.8}$$

angegeben.

Zahlenwerte:
2. Nach Gl. (49.1) ist die Bildbreite $B \doteq 36$ mm $(4000/92) = 1{,}57$ m.
3. Für die Feldlinse ist nach Gl. (49.2) $f_\mathrm{F} = 17{,}8$ mm, nach Gl. (49.4) $d_\mathrm{F} = 50{,}9$ mm, nach Gl. (49.7) $(d/f)_\mathrm{F} = 2{,}87 = 1 : 0{,}35$.
Für das Objektiv ist nach Gl. (49.5) $f_\mathrm{OB} = 89{,}9$ mm, nach Gl. (49.3) $d_\mathrm{OB} = 35{,}5$ mm, nach Gl. (49.7) $(d/f)_\mathrm{OB} = 0{,}40 = 1 : 2{,}5$.
Überprüfen Sie die Gl. (49.6).

Aufgabe 50: Lupe

Um ein im Vergleich zur Betrachtung mit der Normsehweite $s_0 = 25$ cm vergrößertes Bild auf der Netzhaut des Auges zu erhalten, kann eine Sammellinse als Lupe verwendet werden.

Fragen:

1. Welche Brennweite hat die Linse, wenn die Lupe die Vergrößerung $V = 5$ hat?

2. In welchem Abstand befindet sich der zu betrachtende Gegenstand vor der Lupe?

3. Wie groß ist das "virtuelle Bild" im Vergleich zum Gegenstand?

Lösung:
Hinweise zur Physik:
Lupe, Normsehweite in [GG] Abschn. 20.5, virtuelles Bild in [GG] Fig. 19.8.

Anmerkung:
Die Lupe gehört ebenso wie Mikroskop und Fernrohr zu den optischen Geräten, die *nicht* abbilden. Strahlen, die von einem Gegenstandspunkt P ausgehen, werden durch das Gerät zwar gebrochen, verlaufen aber hinter dem Gerät *nicht* konvergent, so daß es *keinen* Schnittpunkt (Bildpunkt P', reelles Bild) gibt. Insofern ist es nicht sinnvoll, einen Abbildungsmaßstab V_A (Vergrößerung), s. Gl. (49.1), anzugeben. Statt dessen wird die Vergrößerung V definiert:

$$V = \frac{\tan \varphi'}{\tan \varphi}, \tag{50.1}$$

φ' ist der Winkel, unter dem ein Gegenstand der Größe G unter Verwendung des optischen Gerätes gesehen wird, φ der Sehwinkel mit bloßem Auge. Für hinreichend kleine Winkel φ', φ ist

$$V = \varphi'/\varphi, \tag{50.2}$$

s. [GG] Gl. (20.5). Sie werden in der Literatur Gl. (50.2) sogar als Definitionsgleichung finden, s. z.B. [DKV] Abschn. 4.2.2. Die Sehwinkel φ', φ sind in gewissen Grenzen wählbar. Sie werden durch die Fähigkeit des Auges bestimmt, Bilder auf der Netzhaut für verschiedene Gegenstandsweiten a zu erzeugen. Um eindeutige Werte für V angeben zu können, wird vereinbart:
– Gegenstände werden im Nahbereich mit der Normsehweite

$$a = s_0 = 25 \, \text{cm} \tag{50.3}$$

betrachtet.
– Das "virtuelle Bild" liegt entweder bei $|b| = s_0$ oder im Unendlichen.

Da unser visueller Wahrnehmungssinn keine Brechung kennt, entsteht bei gebrochenen Strahlen bezüglich der Lage und Größe des Gegenstands eine optische Täuschung, die "virtuelles Bild" genannt wird.

Bearbeitungsvorschlag:
1. Die Vergrößerung einer Lupe ist, s. [GG], Gl. (20.8), für $|b| = s_0$ ("virtuelles Bild" in Normsehweite)

$$V_1 = (s_0/f) + 1 \,, \tag{50.4}$$

für $|b| \to \infty$ jedoch

$$V_0 = s_0/f \,. \tag{50.5}$$

Da in der Frage nichts über die Lage des "virtuellen Bildes" vorausgesetzt wurde, benutzen wir für die Berechnung der Brennweite entweder Gl. (50.4) oder Gl. (50.5). 2. Die Abbildungsgleichung für unseren Fall negativer Bildweite b heißt

$$\frac{1}{a} - \frac{1}{|b|} = \frac{1}{f} \,, \tag{50.6}$$

woraus sich für f die Fälle $|b| = s_0$ und unendlich berechnen lassen.

3. Das Verhältnis von "Bildgröße" B' zu Gegenstandsgröße G ist, s. Gl. (49.1),

$$B'/G = |b|/a \,. \tag{50.7}$$

Daraus folgt für $|b| = s_0$ mit Gl. (50.6) und Vergleich mit Gl. (50.4)

$$B'/G = s_0/f + 1 = V_1 \,, \tag{50.8}$$

für unendliches $|b|$ wird B'/G jedoch unendlich. Gl. (50.7) ist also *nicht* geeignet, die Vergrößerung eines nichtabbildenden optischen Geräts zu beschreiben!

Zahlenwerte:
1. Nach Gl. (50.4) ist für $V_1 = 5$: $f = s_0/(V_1 - 1) = 6{,}25$ cm, oder nach Gl. (50.5) für $V_0 = 5$: $f = s_0/V_0 = 5$ cm.
2. Nach Gl. (50.6) ist mit $f/$cm $= 6{,}25$ bzw. 5: $a/$cm $= 5 \cdots 6{,}25$ bzw. $4{,}17 \cdots 5$ für $|b| = s_0 \cdots \infty$.
3. Für $|b| = s_0 \cdots \infty$ ist $B'/G = 5 \cdots \infty$.

Aufgabe 51: Fernrohr

Vergleichen Sie ein historisches Kepler-Fernrohr, das nur eine Objektiv- und eine Okularlinse hat, mit einem Fernrohr, das eine zusätzliche Feldlinse enthält. Benutzen Sie folgende Angaben: Innendurchmesser des Rohrs $2R = 3$ cm, Fernrohrbezeichnung 8 x 30, Objektivbrennweite $f_1 = 24$ cm.

Fragen:

1. Wie groß sind Brennweiten und Durchmesser der Linsen?

2. Wo liegen die Austrittspupillen und wie groß sind sie?

3. Wie groß sind die Gesichtsfelder in einer Entfernung von 1 km?

4. Wie lang sind die Fernrohre?

Lösung:

Hinweise zur Physik:
Fernrohr in [GG] Abschn. 20.7, Pupillen bei der Bündelbegrenzung durch Blenden in [BSCH] Abschn. 1.11.

Anmerkung:
Das Fernrohr gehört zu den *nichtabbildenden* optischen Geräten. Anhand der Strahlengänge, s. Fig. 51.1, ist zu erkennen, daß Licht von einem Gegenstandspunkt, z.B. einem Stern, als paralleles Bündel ein- und wieder ausfällt. Sowohl die Gegenstandsweite als auch die Bildweite sind unendlich. Das Fernrohr wird mit auf unendlich eingestelltem Auge benutzt. Die Objektivlinse erzeugt einen Zwischenbildpunkt P' in der gemeinsamen Brennebene von Objektiv- und Okularlinse (Lupe). Die Vergrößerung V ist das Verhältnis des Sehwinkels φ', unter dem man z.B. zwei Sterne mit Fernrohr sieht, zum Sehwinkel φ ohne Fernrohr. Zu jedem Gegenstandspunkt gehört ein paralleles Lichtbündel. Als *Pupille* bezeichnet man einen all diesen Lichtbündeln gemeinsamen Querschnitt. Beim Fernrohr ist die Objektivfassung die *Eintrittspupille* und ihr Bild die *Austrittspupille*. Es wird entweder durch die Lupe im Abstand b_2 (Kepler-Fernrohr) oder durch die Feldlinse am Ort der Lupe erzeugt. Ein hier nicht gezeichneter Strahlengang für einen unendlich weit entfernten Gegenstandspunkt *auf* der optischen Achse zeigt, daß die Bündeldurchmesser gleich den Pupillendurchmessern sind. Zeichnen Sie diesen Strahlengang und erkennen Sie den Zusammenhang zwischen der Vergrößerung bzw. den Pupillendurchmessern und den Bündeldurchmessern. Die Fernrohrbezeichnung enthält die Angabe $V \times$ Objektivdurchmesser/mm.

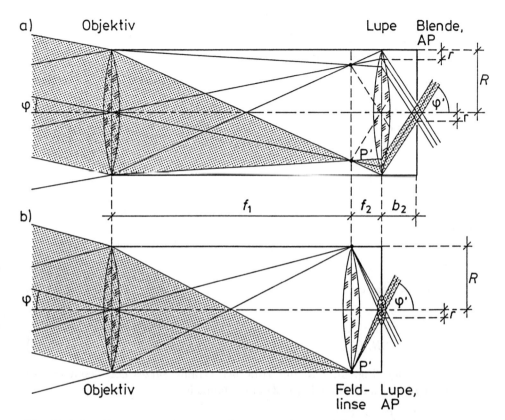

Fig. 51.1 Strahlengang am Fernrohr a) ohne,   b) mit Feldlinse.
        Austrittspupille AP als Bild der Objektivfassung. Das Okular besteht
        a) aus Lupe und Blende bei AP,   b) aus Feldlinse und Lupe bei AP.

Bearbeitungsvorschlag:
1. Die Daten der Objektivlinse sind gegeben. Die maximalen Durchmesser der
anderen Linsen sind durch den Rohrdurchmesser $2R$ festgelegt. Aus der Vergrößerung V, s. [GG] Gl. (20.14),

$$V = f_1/f_2 \qquad\qquad\qquad (51.1)$$

läßt sich die Brennweite f_2 der Okularlupe berechnen. Da die Feldlinse das Objektiv auf die Okularlupe abbildet, s. Fig. 51.1 b), liefert die Abbildungsgleichung,
s. [GG] Gl. (19.3), deren Brennweite f_F

$$1/f_F = 1/f_1 + 1/f_2 \, . \qquad\qquad\qquad (51.2)$$

2. Im Fall b) liegt also die Austrittspupille *am Ort* der Okularlupe. Ihre Größe (Radius r) können Sie der in der Anmerkung angeregten Überlegung entnehmen oder aus dem Abbildungsmaßstab berechnen:

$$r/R = f_2/f_1 = 1/V \, . \tag{51.3}$$

In diesem Fall braucht der Durchmesser der Okularlupe nicht größer als $2r$ zu sein. Im Fall a) (Kepler-Fernrohr), s. Fig. 51.1 a), erzeugt dagegen die Lupe ein Bild der Objektivfassung im Abstand b_2 *hinter* der Lupe. Die Abbildungsgleichung ist

$$\frac{1}{f_2} = \frac{1}{f_1 + f_2} + \frac{1}{b_2} \, . \tag{51.4}$$

Die Lage der Austrittspupille ist durch b_2, ihre Größe auch durch Gl. (51.3) gegeben.

3. Das Gesichtsfeld x im Gegenstandsraum ist durch den Winkel φ, s. Fig. 51.1, bestimmt:

$$x/1 \, \text{km} = 2 \tan \varphi \, . \tag{51.5}$$

Im Fall b) ist

$$x_{\text{b}}/1 \, \text{km} = 2R/f_1 \, . \tag{51.6}$$

Im Fall a) ist aus Fig. 51.1 a) mit Hilfe des Strahlensatzes der Geometrie zu erkennen, daß hier auch die Gl. (51.3) gilt. Damit ist

$$\tan \varphi_{\text{a}} = \frac{R - r}{f_1 + f_2} \tag{51.7}$$

und mit Gl. (51.5) und Gl. (51.3)

$$\frac{x_{\text{a}}}{1 \, \text{km}} = \frac{2R}{f_1} \, \frac{V - 1}{V + 1} \, . \tag{51.8}$$

4. Die Länge des Fernrohrs reicht vom Anfang des Objektivs bis zum Ende des Okulars (Lage der Austrittspupille). Im Fall a) besteht das Okular aus der Lupe und einer Blende am Ort der Austrittspupille. Die Länge ist also

$$\ell_{\text{a}} = f_1 + f_2 + b_2 \, . \tag{51.9}$$

Im Fall b) besteht das Okular aus Feldlinse und Lupe. Die Länge ist

$$\ell_{\text{b}} = f_1 + f_2 \, . \tag{51.10}$$

Zahlenwerte:

1. Linse

Linse	Brennweite	nach Gl.		Durchmesser
Objektiv	$f_1 = 240$ mm			$d_1 = 30$ mm
Okularlupe	$f_2 = 30$ mm	(51.1)	a)	$d_2 = 30$ mm
			b)	$d_2 = 2r$
Feldlinse	$f_F = 26{,}7$ mm	(51.2)		$d_F = 30$ mm

2. Der Durchmesser der Austrittspupille ist mit Gl. (51.3)
$2r = 2R/V = 30$ mm$/8 = 3{,}75$ mm. Im Fall a) liegt diese nach Gl. (51.4)
$b_2 = 33{,}8$ mm hinter der Lupe.

3. $x_b = 125$ m nach Gl. (51.6), $x_a - (7/9)\, x_b = 97{,}2$ m nach Gl. (51.8).

4. $\ell_a = 304$ mm nach Gl. (51.9), $\ell_b = 270$ mm nach Gl. (51.10).

Aufgabe 52: Mikroskop

In einem Lichtmikroskop (Vergrößerung $V = 400$, Tubusdurchmesser 23,2 mm)
entsteht das Zwischenbild im Abstand $b = 150$ mm hinter dem Objektiv. Ob-
jektivdaten: Abbildungsmaßstab $V_A = 40$, Durchmesser der Linse $d_{OB} = 5$ mm.
Das Okular besteht aus Feldlinse und Lupe.

Fragen:

1. Wie groß sind die Brennweiten f, die Durchmesser d, die relativen Öffnungen d/f für die Linsen, die Abstände zwischen den Linsen bzw. dem Objekt
   und die Gegenstandsweite a?

2. Wie groß ist die optische Tubuslänge L?

3. Wie groß ist das Gesichtsfeld G in der Objektebene?

4. Welche numerische Apertur A hat das Objektiv?

5. Welche kleinsten Abstände in einer Faserstruktur des Objekts können aufgelöst werden?

Lösung:

Hinweise zur Physik:
Mikroskop, Auflösungsvermögen in [GG] Abschn. 20.6, 21.2

Anmerkung:
Der Strahlengang, s. Fig. 52.1, beschreibt Aufbau und Funktionsweise des Mikro-
skops: Es wird wie das Fernrohr, s. Aufgabe 51, mit auf Unendlich eingestelltem
Auge benutzt. Licht von einem Objektpunkt P tritt als paralleles Bündel aus dem

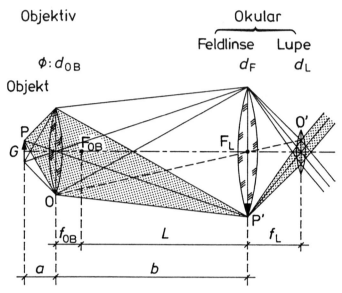

Fig. 52.1 Strahlengang im Mikroskop

Okular aus. Das Mikroskop gehört also auch zu den *nichtabbildenden* Geräten. Im Gegensatz zum Fernrohr befindet sich beim Mikroskop das Objekt im Endlichen und zwar etwas außerhalb der Brennweite des Objektivs. Das Objektiv erzeugt ein Bild des Objekts in der Zwischenbildebene (P → P'). In dieser Ebene befindet sich die Feldlinse, die die Objektivlinse auf die Lupenlinse abbildet.

Bearbeitungsvorschlag:
1. Die Vergrößerung ist, s. [GG] Gl. (20.13),

$$V = V_A \cdot V_L \tag{52.1}$$

mit dem Abbildungsmaßstab des Objektivs

$$V_A = b/a = L/f_{OB} , \tag{52.2}$$

und der Vergrößerung der Lupe

$$V_L = s_0/f_L \tag{52.3}$$

mit der Normsehweite $s_0 = 25$ cm. Die Linsenabstände ergeben sich anhand des Strahlengangs, s. Fig. 52.1: Abstand Objektiv - Feldlinse: $b = 15$ cm, Abstand Feldlinse - Lupenlinse: f_L, Abstand Objekt - Objektiv: a.

Die Linsendurchmesser im Okular sind für
- die Feldlinse durch den Tubusdurchmesser d_T begrenzt,
- die Lupe dadurch bestimmt, daß die Objektivlinse auf ihr abgebildet wird
$(0 \rightarrow 0')$.
Nach Fig. 52.1 ist

$$d_L > d_{ob} \cdot f_L / b \,. \tag{52.4}$$

Die Brennweiten f lassen sich für die Objektiv- und die Feldlinse mit der Abbildungsgleichung, s. [GG] Gl. (19.3), berechnen:

$$\frac{1}{f_{OB}} = \frac{1}{a} + \frac{1}{b} = \frac{1}{b}\left(\frac{b}{a} + 1\right) \,, \tag{52.5}$$

woraus mit Gl. (52.2) folgt:

$$f_{OB} = b/(V_A + 1) \,. \tag{52.6}$$
$$1/f_F = 1/b + 1/f_L \,, \tag{52.7}$$

woraus mit Gl. (52.3) folgt:

$$1/f_F = 1/b + V_L/s_0 \,. \tag{52.8}$$

Für die Lupe ist mit den Gln. (52.3) und (52.1)

$$f_L = s_0/V_L = s_0 \cdot V_A/V \,. \tag{52.9}$$

2. Die optische Tubuslänge L ist der Abstand der benachbarten Brennpunkte von Objektiv und Lupe, s. Fig. 52.1. Sie läßt sich z.B. aus Gl. (52.2) berechnen. Mit Gl. (52.6) ist

$$L = b \cdot V_A/(V_A + 1) \,. \tag{52.10}$$

3. Aus Fig. 52.1 ergibt sich die Größe des Gesichtsfelds

$$G = d_F \cdot a/b = d_F/V_A \,. \tag{52.11}$$

4. An der Faserstruktur wird das Licht ähnlich wie an einem Gitter gebeugt. Um die Struktur erkennen zu können, muß das Objektiv mindestens das Licht in der ersten Beugungsordnung aufnehmen, s. [GG] Fig. 21.2. Daraus folgt mit Gl. (52.2) für a:

$$\sin \varphi = \frac{d_{ob}/2}{\sqrt{(d_{ob}/2)^2 + (b/V_A)^2}} \,. \tag{52.12}$$

Die numerische Apertur ist

$$A = n \cdot \sin\varphi \,, \tag{52.13}$$

Brechungsindex $n = 1$ für Vakuum (Luft).

5. Der kleinste auflösbare Abstand in der Struktur des Objekts ist, s. [GG] Gl. (21.2),

$$d_{\mathrm{MIN}} = \lambda_0/A \,, \tag{52.14}$$

λ_0 - Lichtwellenlänge im Vakuum (Luft).

Zahlenwerte:

1.

	d/mm	nach Gl.	f/mm	nach Gl.	d/f
Objektiv	5		3,66	(52.6)	1,4
Feldlinse	< 23		21,4	(52.8)	1,1
Lupe	> 0,83	(52.4)	25,0	(52.9)	0,03

Nach Gl. (52.2) ist $a = 3{,}75$ mm.

2. Nach Gl. (52.10) ist $L = (40/41)\,150$ mm $= 146$ mm.

3. Nach Gl. (52.11) ist $G = 0{,}58$ mm.

4. Nach Gl. (52.12), Gl. (50.13) ist $A = 0{,}55$.

5. Nach Gl. (52.14) ist für eine mittlere Wellenlänge $\lambda = 0{,}55\,\mu$m des sichtbaren Lichts $d_{\mathrm{MIN}} = 1\,\mu$m.

Aufgabe 53: Glühlampe

Die elektrisch geheizte Glühwendel besteht aus Wolfram. Sie bildet einen flächenhaften Leuchtkörper (Größe 4,2 mm · 2,6 mm), der im wesentlichen wie ein "schwarzer Körper" strahlt. Die Glühlampe hat eine elektrische Leistung von 100 W.

Fragen:

1. Welche Temperatur erreicht die Glühwendel im Betrieb?

2. Bei welcher Wellenlänge liegt das Strahlungsmaximum?

Lösung:

Hinweise zur Physik:
Strahlung glühender Festkörper in [GG] Abschn. 22.5

Bearbeitungsvorschlag:

1. Die wesentliche Idee ist die vereinfachende Annahme, daß die gesamte elektrische Leistung P_{EL} als Strahlungsleistung P_{ST} abgegeben wird. P_{ST} läßt sich mit dem Stefan-Boltzmann-Gesetz, s. [GG] Gl. (22.3), berechnen. Es ist

$$P_{ST} = \sigma \cdot A \cdot T^4 \tag{53.1}$$

mit der Stefan-Boltzmann-Konstanten σ und der strahlenden Fläche A.

Eine weitere Vereinfachung ist die Vernachlässigung der Strahlungsleistung, die aus der Umgebung auf die Glühlampe fällt. Sie wird gerechtfertigt sein, wenn die Umgebungstemperatur T_U klein gegen die Temperatur T_W der Wendel ist. Damit ist

$$P_{EL} = \sigma \cdot A \cdot T_W^4 \ . \tag{53.2}$$

Der Leuchtkörper wird als flächenhaft angesehen, der in den vorderen und den hinteren Halbraum abstrahlt.

2. Es wird ein kontinuierliches Spektrum abgestrahlt. Seine maximale spektrale Leistungsdichte (Dimension: Leistung pro Fläche und Wellenlängenintervall) liegt nach dem Wienschen Verschiebungsgesetz, s. [GG] Gl. (22.5), bei

$$\lambda_{MAX} = 2,90 \cdot 10^{-3} \, \text{m} \cdot \text{K}/T_W \ . \tag{53.3}$$

Zahlenwerte:

1. Strahlende Fläche $A = 2 \cdot 4,2 \cdot 2,6 \, \text{mm}^2$. Nach Gl. (53.2) ist $T_W = 2998$ K.
2. Nach Gl. (53.3) ist $\lambda_{MAX} = 967$ nm.

Anmerkung:

Das Strahlungsmaximum liegt nicht im sichtbaren Spektralbereich, so daß die elektrische Leistung zum großen Teil nicht in Licht, sondern in Wärme umgewandelt wird. Eine Verschiebung des Strahlungsmaximums zu kleineren Wellenlängen erfordert eine höhere Temperatur der Glühwendel. Diese wird durch den Schmelzpunkt des Materials begrenzt. Wolfram schmilzt z.B. bei ca. 3680 K. Außerdem verdampft das Material, bevor es schmilzt. Unser Beispiel behandelte eine Glühwendel, die, im Vakuum betrieben, eine Brenndauer von nur ca. 10 Minuten hätte. In einer sogenannten Halogenlampe wird deshalb das von der Wendel verdampfte Wolfram als Halogenverbindung von dem ca. 900 K heißen Quarzglaskolben auf die Wendel zurücktransportiert. Dadurch wird die Brenndauer auf ca. 2000 Stunden verlängert.

Aufgabe 54: Sonnenstrahlung

Die Sonne würde die Erdoberfläche bei senkrechtem Einfall ohne Absorption durch die Atmosphäre mit $1,35 \cdot 10^3$ W/m^2 (Solarkonstante) bestrahlen. Die mittlere Entfernung Erde - Sonne ist 1 AE = $1,496 \cdot 10^{11}$ m (astronomische Einheit), der Sonnenradius $R_S = 6,96 \cdot 10^8$ m.

Fragen:

1. Welche Temperatur hat die Sonne, wenn sie als schwarzer Strahler betrachtet wird?

2. Bei welcher Wellenlänge liegt das Maximum dieser Strahlung?

Lösung:

Hinweise zur Physik: s. Aufgabe 53

Bearbeitungsvorschlag:

1. Die Solarkonstante ist das Ergebnis sorgfältiger Messungen der Sonnenstrahlung auf der Erde. Aus ihr läßt sich die gesamte von der Sonne abgestrahlte Leistung P_S berechnen, die auf eine konzentrische Kugel mit dem Radius AE trifft:

$$P_S = 1,35 \cdot 10^3 \text{ W} \cdot \text{m}^{-2} \cdot 4\pi \cdot \text{AE}^2 . \tag{54.1}$$

Wir nehmen an, daß die Sonne wie ein schwarzer Körper strahlt und vernachlässigen den Einfluß der Erde und aller anderen Himmelskörper. Das Stefan-Boltzmann-Gesetz, s. Gl. (53.1) liefert für die (schwarze) Temperatur der Sonne T_S

$$T_S^4 = \frac{P_S}{\sigma \cdot A_S} = \frac{P_S}{\sigma \cdot 4\pi \cdot R_S^2} , \tag{54.2}$$

wobei A_S die Sonnenoberfläche und σ die Stefan-Boltzmann-Konstante ist. Aus den Gln. (54.1) und (54.2) ergibt sich

$$T_S = \left(\frac{1,35 \cdot 10^3 \text{Wm}^{-2} \cdot (\text{AE})^2}{\sigma \cdot R_S^2} \right)^{0,25} . \tag{54.3}$$

2. Das Wiensche Verschiebungsgesetz, s. Gl. (53.3), liefert die Wellenlänge, bei der die Strahlung der Sonne ihr Maximum erreicht.

Zahlenwerte:

1. Nach Gl. (54.3) ist T_S = 5759 K. 2. Nach Gl. (53.3) ist λ_{MAX} = 504 nm.

Aufgabe 55: Thermosflasche

Ein doppelwandiges zylindrisches Glasgefäß mit kugelförmigem Boden und einem kreisförmigen Deckel D (s. Fig. 55.1) hat eine gute Wärmeisolation, wenn die Wände verspiegelt und der Zwischenraum ZR evakuiert ist.

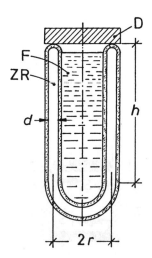

Fig. 55.1 Thermosflasche

Das Gefäß hat folgende Maße: Mittlerer Durchmesser $2r = 70$ mm, Höhe $h = 25$ cm, Abstand der verspiegelten Wände $d = 5$ mm. Es ist mit einer Flüssigkeit F (Temperatur $t_1 = 100°$C) gefüllt. Die Außenwand ($t_2 = 20°$C) und die Innenwand haben einen Emissions- bzw. Absorptionsgrad von 2%, Deckel D und Flüssigkeit F strahlen wie der schwarze Körper.

Frage: Wie groß ist die Abkühlungsleistung durch Strahlung?

Lösung:

Hinweise zur Physik:
Wärmestrahlung, schwarzer Körper, Strahlungsgesetze von Kirchhoff und Stefan-Boltzmann in [GG] Abschn. 22.5, 22.5.1, [DKV] Abschn. 2.6.3, [E] Abschn. 5.62. Die von einer Fläche A abgestrahlte Leistung ist (Stefan-Boltzmann-Gesetz):

$$P = \epsilon \cdot \sigma \cdot A \cdot T^4 \tag{55.1}$$

mit der Stefan-Boltzmann-Konstanten σ, dem Emissionsgrad ϵ ($= 1$ für den schwarzen Körper) und der thermodynamischen Temperatur T. Der Emissionsgrad ϵ eines Körpers ist gleich seinem Absorptionsgrad (Kirchhoffsches Strahlungsgesetz), der Reflexionsgrad ist

$$\rho = 1 - \epsilon \,, \tag{55.2}$$

wenn der Körper für die Strahlung undurchlässig ist. Diese Größe wird auch als Intensitätsreflexionsvermögen R, s. [GG] Gl. (40.15), bezeichnet.

Bearbeitungsvorschlag:
Wir betrachten den Strahlungsaustausch zwischen zwei undurchlässigen, gegenüberliegenden Wänden (Flächen A), die ausgedehnt gegenüber ihrem Abstand d sind (Fig. 55.2).

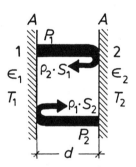

Fig. 55.2 Strahlungsaustausch zwischen zwei undurchlässigen Wänden

Jede Wand strahlt eine Leistung S ab, die sich aus der Leistung P nach Gl. (55.1) und dem reflektierten Anteil der von der gegenüberliegenden Wand zugestrahlten Leistung S zusammensetzt. Für die Wand 1 ist also

$$S_1 = P_1 + \rho_1 S_2 \,, \tag{55.3}$$

und für die Wand 2

$$S_2 = P_2 + \rho_2 S_1 \,. \tag{55.4}$$

Daraus läßt sich die von jeder Fläche abgestrahlte Leistung S berechnen:

$$S_1 \;=\; \frac{P_1 + \rho_1 P_2}{1 - \rho_1 \rho_2} \,, \tag{55.5}$$

$$S_2 \;=\; \frac{P_2 + \rho_2 P_1}{1 - \rho_1 \rho_2} \,. \tag{55.6}$$

Die von 1 nach 2 abgestrahlte Leistung ist

$$S_1 - S_2 = \frac{P_1(1-\rho_2) - P_2(1-\rho_1)}{1-\rho_1\rho_2}.$$
(55.7)

Wenn man statt des Reflexionsgrads ρ den Emissionsgrad ϵ nach Gl. (55.2) einsetzt und Gl. (55.1) benutzt, ist, s.a. [GG] Gl. (22.12),

$$S_1 - S_2 = \left(\frac{1}{\epsilon_1} + \frac{1}{\epsilon_2} - 1\right)^{-1} \sigma A(T_1^4 - T_2^4).$$
(55.8)

Wir wollen diese Formel für die Berechnung der Abkühlungsleistung benutzen. Wir vereinfachen die Geometrie der Thermosflasche, indem wir die gekrümmten Flächen durch ebene Flächen ersetzen. Wir unterscheiden drei Bereiche:

	Form	Fläche A	$\epsilon_1 = \epsilon_2$
a) Deckel:	Kreis	πr^2	1
b) Mantel:	Zylinder	$2\pi r h$	0,02
c) Boden:	Halbkugel	$2\pi r^2$	0,02

Anmerkung:
Bei der Berechnung ist zu beachten, daß in Gl. (55.8) die Kelvin-Temperatur T steht, in der Aufgabenstellung jedoch die Celsius-Temperatur t angegeben ist. Die Umrechnung erfolgt durch die *Zahlenwert*-Gleichung

$$T/\text{K} = t/^\circ\text{C} + 273,15.$$
(55.9)

$S_1 - S_2$ ist nach Gl. (55.8) im Fall a) $r^2 \cdot \pi \cdot \sigma(T_1^4 - T_2^4)$, b) $\epsilon \cdot 2rh\pi \cdot \sigma(T_1^4 - T_2^4)/(2-\epsilon)$, c) $\epsilon \cdot 2r^2\pi \cdot \sigma(T_1^4 - T_2^4)/(2-\epsilon)$.

Zahlenwerte:
Mit $T_1 = 373{,}15$ K (innen) und $T_2 = 293{,}15$ K (außen) ist
$\pi\sigma(T_1^4 - T_2^4) = \pi \cdot 5{,}67 \cdot 10^{-8}(373{,}15^4 - 293{,}15^4)$ W m^{-2} = 2138 W m^{-2}.
Mit $r = 35$ mm ist dann $S_1 - S_2$ im Fall
a) 2,619 W,   b) 0,378 W,   c) 0,053 W.

Aufgabe 56: Muffelofen

Auf einem Behälter aus feuerfestem Material (Muffel) ist eine Metalldrahtwicklung angebracht. Mit einem elektrischen Strom durch diese Wicklung wird die Muffel beheizt (Leistung $P = 1$ kW). Dieser Laborofen hat eine Wärmekapazität $C = 5{,}76$ kJ/K. Seine Wärmeverluste sollen dadurch beschrieben werden, daß die abgegebene Leistung proportional zur Temperaturdifferenz $(T - T_0)$ gegenüber der Umgebungstemperatur T_0 ist (Konstante $G = 1{,}6$ W/K).

Fragen:

1. Wie ändert sich die Temperatur des Ofens mit der Zeit?

2. Wie groß ist die Zeitkonstante des Ofens?

3. Welche maximale Temperatur erreicht der Ofen?

Lösung:

Hinweise zur Physik:
Relaxationsprozesse in [GG] Abschn. 15, Newtonsches Abkühlungsgesetz in [GG] Abschn. 42.

Hinweis zur Mathematik: Lineare Differentialgleichung erster Ordnung

Bearbeitungsvorschlag:
1. Die elektrische Leistung erzeugt über den Widerstand der Drahtwicklung Joulesche Wärme, die den Ofen aufheizt. Die Leistungsbilanz lautet, s. [GG] Gl. (42.4),

$$P = C \frac{\mathrm{d}}{\mathrm{d}t}(T - T_0) + G(T - T_0)\,. \tag{56.1}$$

Auf der rechten Seite der Gl. (56.1) stehen die Leistungen für das Aufheizen und die Abgabe an die Umgebung (Newtonsches Abkühlungsgesetz, s. [GG] Gl. (42.5)). Wir nehmen an, daß P, C und G nicht von der Temperatur abhängen. Dann bekommen wir mit der Wahl

$$y = T - T_0 - P/G \tag{56.2}$$

aus Gl. (56.1)

$$\frac{\mathrm{d}y}{\mathrm{d}t} = -\frac{G}{C}\,y \tag{56.3}$$

und nach Integration

$$\ln(y/y_0) = -(G/C)\,t\,, \tag{56.4}$$
$$y/y_0 = \exp(-Gt/C)\,. \tag{56.5}$$

Zur Zeit $t = 0$ ist $T = T_0$. Nach Gl. (56.5) und Gl. (56.2) ist

$$y_0 = -P/G$$

und der zeitliche Verlauf der Temperaturerhöhung

$$T - T_0 = (P/G)(1 - \exp(-Gt/C)) \,. \tag{56.6}$$

Der Verlauf einer solchen Funktion ist z.B. in [GG] Fig. 15.3 dargestellt.
2. Nach Gl. (56.6) ist die Zeitkonstante

$$\tau = C/G \,. \tag{56.7}$$

3. Nach Gl. (56.6) ist für sehr große Zeiten $(t \gg \tau)$

$$T - T_0 = P/G \,. \tag{56.8}$$

Zahlenwerte:
2. Nach Gl. (56.7) ist $\tau = (5,76/1,6) \cdot 10^3$ s $= 1$ h.
3. Mit $T_0 = 300$ K nach Gl. (56.8) $T_{\text{MAX}} \leq 925$ K .

Aufgabe 57: Molekülspektroskopie

Zweiatomige Moleküle, die ein elektrisches Dipolmoment besitzen, können durch eine elektromagnetische Welle zu Schwingungen und Rotationen angeregt werden. Die Schwingung eines HCl-Moleküls wird bei der Kreisfrequenz $\omega_S = 5,4362 \cdot 10^{14}$ s^{-1} der eingestrahlten Welle, seine Rotation in der untersten Anregungsstufe bei $\omega_R = 3,895 \cdot 10^{12}$ s^{-1} registriert.

Fragen:

1. Bei welchen Wellenlängen bzw. Wellenzahlen können die Molekülanregungen nachgewiesen werden?

2. Wie groß sind "reduzierte Masse" M und "Federkonstante" D für die Schwingung?

3. Wie groß ist das Massenträgheitsmoment J bei der Rotation?

4. Wie groß ist der Gleichgewichtsabstand R der Kerne im Molekül?

5. Sind Schwingung und Rotation bei Raumtemperatur thermisch angeregt?

Lösung:

Hinweise zur Physik:
Elektromagnetische Wellen in [GG] Abschn. 18.2 d). Harmonische Schwingung
in [GG] Abschn. 16.1, Trägheitsmoment in [GG] Abschn. 12.1.

Anmerkung:
Die beiden Atome haben unterschiedliche Massen m_1 und m_2, die dem Perioden-
system der Elemente, s. z.B. [GG] Tab. 47.2, zu entnehmen sind. Sie sind
ionisiert, so daß das Molekül ein elektrisches Dipolmoment p hat. Die Ionen
können um ihre Gleichgewichtslage (Kernabstand R) schwingen, s.a. Aufgabe
22. Wir wollen annehmen, daß diese Schwingung harmonisch ist. Für die Rotationsbewegung stellen wir uns das Molekül als starre Hantel vor, die um eine
Achse durch das Massenzentrum Z senkrecht zur Verbindungslinie rotiert, s. Fig.
57.1.

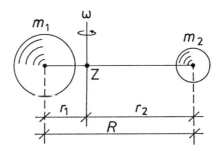

Fig. 57.1 Molekülrotation

Das elektrische Feld einer elektromagnetischen Welle kann das Molekül zu erzwungenen Schwingungen anregen. Im Resonanzfall wird der Welle z.B. Energie
entzogen (Absorption). Das Auffinden solcher Resonanzstellen ist Aufgabe der
Spektrokopie. Im Bereich der Molekülspektren wird für die Skalierung meist nicht
die Wellenlänge λ, sondern die sogenannte *Wellenzahl* (Einheit: cm^{-1})

$$\tilde{\nu} \equiv \lambda^{-1} = \omega/(2\pi c) \tag{57.1}$$

der anregenden Welle angegeben, s.a. Aufgabe 77. Bei theoretischen Betrachtun-
gen wird meistens die Kreiswellenzahl $k = 2\pi/\lambda$ benutzt, s. z.B. die Aufgaben
37 und 38, [GG] Gl. (18.8).

Bearbeitungsvorschlag:
1. Die Angaben λ bzw. $\tilde{\nu}$ für Schwingung und Rotation lassen sich, s. [GG] Gl. (18.19) aus

$$\lambda = 2\pi c/\omega \tag{57.2}$$

bzw. Gl. (57.1) berechnen. Man erkennt, daß die Molekülspektren im infraroten Spektralbereich, s. [GG] Tab. 18.1, zu finden sind.
2. Wir wollen die Schwingung durch die Formel, s. [GG] Gl. (16.7),

$$\omega_S^2 = D/M \tag{57.3}$$

beschreiben. Dazu muß der Zusammenhang zwischen M und den Massen der Kerne m_1 für Wasserstoff und m_2 für Chlor festgestellt werden. Wegen der Impulserhaltung, s. [GG] Gl. (8.11), gilt

$$p_1^2 = p_2^2 \equiv p \,. \tag{57.4}$$

Damit folgt wegen der Energieerhaltung, s. [GG] Gl. (9.3), aus

$$p_1^2/m_1 + p_2^2/m_2 = p^2/M \tag{57.5}$$

für die reduzierte Masse

$$M = \frac{m_1 \cdot m_2}{m_1 + m_2} \,. \tag{57.6}$$

Mit der Ruhemasse des Protons m_p und

$$m_1 = m_p, \quad m_2 = 35\, m_p \,. \tag{57.7}$$

3. Die (kinetische) Energie der Rotationsbewegung ist nach [GG] Gl. (12.2)

$$W = J\omega_R^2/2 \,. \tag{57.8}$$

Mit dem Drehimpuls $\boldsymbol{L}$, s. [GG] Gl. (12.15), ist

$$W = L^2/(2J) \,. \tag{57.9}$$

Der Drehimpuls kann keine beliebigen Werte annehmen. Er ist quantisiert, s. [GG] Gl. (45.37):

$$L = n\hbar \,, \quad n = 0, 1, 2, \cdots \tag{57.10}$$

oder genauer

$$L^2 = n(n + 1)\hbar^2, \quad n = 0, 1, 2, \cdots \tag{57.11}$$

Aus Gl. (57.9) folgt mit Gl. (57.11) für die diskreten Energiezustände

$$W_n = n(n+1)\hbar^2/(2J), \quad n = 0, 1, 2, \cdots . \tag{57.12}$$

Die eingestrahlte Welle hat die Energie, s. [GG] Gl. (45.48),

$$W_{\mathrm{L}} = \hbar\omega . \tag{57.13}$$

Ein Resonanzfall bedeutet in diesem Bild z.B. eine Energieänderung von $n = 0$ nach $n = 1$ durch ein Photon mit der Energie W_{L}, das dabei absorbiert wird. Für die unterste Anregungsstufe ist also

$$W_1 - W_0 = W_{\mathrm{L}} . \tag{57.14}$$

Daraus ergibt sich mit den Gln. (57.12) und (57.13)

$$J = \hbar/\omega_{\mathrm{R}} . \tag{57.15}$$

Anmerkung:
Auch die Schwingungsenergie kann nur diskrete Werte annehmen:

$$W_n = \left(n + \frac{1}{2}\right)\hbar^2\omega, \quad n = 0, 1, 2, \cdots . \tag{57.16}$$

Um die erste Anregungsstufe zu erreichen (Übergang $n = 0 \to n = 1$), ist die Energie $\hbar\omega$ erforderlich.
4. Bei der Rotation der starren Hantel, s. Fig. 57.1, gilt:

$$m_1\, r_1 = m_2\, r_2 . \tag{57.17}$$

$$r_1 + r_2 = R , \tag{57.18}$$

wobei r_1 und r_2 die Abstände der Kerne vom Massenzentrum Z sind.
Das Trägheitsmoment läßt sich berechnen, s. [GG] Gl. (12.3):

$$J = m_1\, r_1^2 + m_2\, r_2^2 . \tag{57.19}$$

Mit Hilfe der Gln. (57.17) und (57.18) können r_1 und r_2 daraus eliminiert werden, so daß aus

$$J = MR^2 \tag{57.20}$$

der Gleichgewichtsabstand R berechnet werden kann. M ist wieder die reduzierte Masse nach Gl. (57.6).

5. Die thermische Energie ist, s. [GG] Gl. (24.19),

$$W_T = 3\,k\,T/2 \tag{57.21}$$

mit der Boltzmann-Konstanten k.
Wir vergleichen die Schwingungs- bzw. Rotationsenergie mit W_T durch den Quotienten

$$Q_{S,R} = W_T/\hbar\omega_{S,R} \ . \tag{57.22}$$

(Anregung für $Q > 1$, keine Anregung für $Q < 1$.)

Zahlenwerte:
1. Mit $c = 2{,}998$ m/s sind Wellenzahl $\tilde{\nu}$ nach Gl. (57.1) und Wellenlänge λ nach Gl. (57.2) für die Schwingung: $\tilde{\nu}_S = 2885{,}9$ cm^{-1}, $\lambda_S = 3{,}4651$ μm und für die Rotation: $\tilde{\nu}_R = 20{,}68$ cm^{-1}, $\lambda_S = 0{,}4836$ mm.
2. Nach Gl. (57.6) mit Gl. (57.7) ist $M = 35\,m_p/36$. Nach Gl. (57.3) ist die Federkonstante $D = 480{,}7$ N/m.
3. Nach Gl. (57.15) ist $J = 2{,}708 \cdot 10^{-47}$ kg $\cdot$m^2.
4. Nach Gl. (57.20) ist $R = 1{,}29 \cdot 10^{-10}$ m.
5. Nach Gl. (57.21) ist für T = 300 K die thermische Energie $W_T = 6{,}215 \cdot 10^{-21}$ J. Nach Gl. (57.22) ist für die Schwingung $Q_S = 0{,}11$ (nicht angeregt) und für die Rotation $Q_R = 15$ (angeregt).

Aufgabe 58: Lichtstreuung

HCl-Moleküle, die bei Zimmertemperatur mit der Kreisfrequenz
$\omega_R = 3{,}895 \cdot 10^{12}$ s^{-1} rotieren, werden mit grünem Hg-Licht ($\lambda = 546{,}074$ nm) beleuchtet und dadurch zu Streustrahlung veranlaßt.

Frage: Welche Frequenzen enthält das gestreute Licht?

Lösung:

Hinweise zur Physik:
Polarisierbarkeit α in [GG] Abschn. 46.4, Amplitudenmodulation in [GG] Abschn. 17.1.

Hinweise zur Mathematik: $2\cos x \cdot \cos y = \cos(x - y) + \cos(x + y)$

Bearbeitungsvorschlag:
Das HCl-Molekül ist im elektrischen Feld

$$\boldsymbol{E} = \boldsymbol{E}_0 \cos(\omega t)\,, \tag{58.1}$$
$$\omega = 2\pi c/\lambda \tag{58.2}$$

des eingestrahlten Lichts polarisierbar. Das induzierte Dipolmoment ist

$$\boldsymbol{p} = \varepsilon_0 \cdot \alpha \cdot \boldsymbol{E}\,. \tag{58.3}$$

Die Polarisierbarkeit α des hantelförmigen Moleküls ändert sich bei seiner Rotation um die Achsen senkrecht zu $\boldsymbol{E}$ mit einer Frequenz, die doppelt so groß wie die Rotationsfrequenz ist. Das liegt daran, daß die Hantel während einer Umdrehung zweimal die gleiche Polarisierbarkeit α hat, z.B., wenn sie parallel und antiparallel zu $\boldsymbol{E}$ liegt. Daraus folgt

$$\alpha = \alpha_0 + \alpha_1 \cos(2\,\omega_R\,t + \varphi)\,, \tag{58.4}$$

φ - Phasenverschiebung.
Das für die Abstrahlung zuständige induzierte Dipolmoment ist mit den Gln. (58.1), (58.3) und (58.4)

$$\begin{aligned}
\boldsymbol{p} &= \alpha_0 \boldsymbol{E}_0 \cos\omega t + \alpha_1 \boldsymbol{E}_0 \cos\omega t \cdot \cos(2\,\omega_R\,t + \varphi) \tag{58.5}\\
&= \alpha_0 \boldsymbol{E}_0 \cos\omega t + \frac{1}{2}\alpha_1 \boldsymbol{E}_0[\cos\{(\omega - 2\,\omega_R)\,t - \varphi\} + \cos\{(\omega + 2\,\omega_R)\,t + \varphi\}]\,.
\end{aligned}$$

Die Streustrahlung enthält also Licht, dessen Frequenz unverändert ist (Rayleigh-Streuung) und frequenzverschobenes Licht (Raman-Streuung).

Zahlenwerte:
Nach Gl. (58.2) ist $\omega = 3,44944 \cdot 10^{15}\ \text{s}^{-1}$, nach Gl. (58.5) enthält die Strahlung die Kreisfrequenzen ω und $\omega \pm 2\,\omega_R = (3,44944 \pm 0,00779) \cdot 10^{15}\ \text{s}^{-1}$.

Anmerkung:
Für die Energiestufen der Rotation gilt, s. Gl. (57.12) mit Gl. (57.15):

$$W_n = n(n + 1)\hbar\,\omega_R/2,\quad n = 0, 1, 2, \cdots\,. \tag{58.6}$$

Das Rotations-Raman-Spektrum entsteht durch Übergänge zwischen den Stufen mit der Auswahlregel, s. z.B. in [B] Abschn. 3.3,

$$\Delta n = 0,\ \pm 2\,. \tag{58.7}$$

Es enthält also die Kreisfrequenzen - bitte rechnen Sie das nach -

$$\omega_n = \omega_R(2n + 3),\quad n = 0, 1, 2, \cdots\,. \tag{58.8}$$

Für $n = 0$ ist $\omega_0 = 3\,\omega_R$, die folgenden Linien haben den Abstand $2\,\omega_R$. Aus der einfachen Vorstellung, die zu Gl. (58.4) führte, ergibt sich dagegen nur eine Raman-Verschiebung $2\,\omega_R$.

Aufgabe 59: Pinch-Effekt

Durch einen geraden Draht (Querschnitt $A = 1\,\text{mm}^2$) fließt ein Strom $I = 10^3\,\text{A}$.

Frage: Wie groß ist der Druck, der den Strom einschnürt?

Lösung:

Hinweise zur Physik: Strom und Magnetfeld, Kraft und Leiter in [GG] 35.1, 35.4

Bearbeitungsvorschlag:
Die Kraft zwischen zwei stromführenden Leitern ist, s. [GG] Gl. (35.24)

$$F = \mu_0\,\frac{I_1 \cdot I_2 \cdot \ell}{2\pi a}\,, \tag{59.1}$$

a - Abstand, ℓ - Länge der Leiter. Wir können diese Formel auf unser Problem anwenden, wenn wir den gegebenen Strom in ein Bündel von Stromröhren geeignet zerlegen, s. Fig. 59.1.

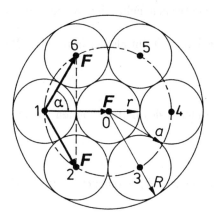

Fig. 59.1 Zerlegung des Stroms in einem Draht in 7 Einzelströme

Wir wählen einen zentralen Strom 0 und 6 periphere Ströme $(1 \cdots 6)$, berechnen die radial nach innen gerichtete Kraft und den Druck auf den Mantel der zentralen Stromröhre 0. Die ursprüngliche Stromröhre (Stromstärke I, Radius R) ist aufgeteilt in 7 Stromröhren (Stromstärke $I/7$, Radius r). Die Kraft, mit der die Stromröhre 1 von den nächsten Nachbarn - und nur solche wollen wir berücksichtigen - angezogen wird, ist radial nach innen gerichtet und hat die Größe

$$F_1 = F + 2F \cos \alpha \, . \tag{59.2}$$

Dabei ist $\alpha = 60°$, $\cos \alpha = 0,5$ und nach Gl. (59.1)

$$F = \mu_0 (I/7)^2 \cdot \ell/(2\pi a) \tag{59.3}$$

mit

$$a = 2r = 2R/3 \, . \tag{59.4}$$

Die Gesamtkraft ist wegen der 6 peripheren Ströme 6 $F_1 = 12\,F$ und der Druck auf die Zylinderfläche des Innenleiters

$$p = \frac{12F}{2\pi r \ell} = \frac{\mu_0}{4\pi} \cdot \frac{I^2}{\pi R^2} \cdot \frac{54}{49} \, . \tag{59.5}$$

Wir wollen das Problem noch auf eine andere Weise betrachten:
Die Ursache des Einschnürens ist das Magnetfeld B, das der Strom I erzeugt, s. [GG] Gl. (35.15):

$$F = B \cdot I \cdot \ell \, . \tag{59.6}$$

(Die kreisförmigen magnetischen Feldlinien wirken wir ein "Gummigürtel" auf die Strombahn).
Wir betrachten den gegebenen Draht als Leiter mit dem Radius R und der Stromdichte

$$j = I/(\pi R^2) \, . \tag{59.7}$$

Das Magnetfeld B im Inneren des Leiters können wir aus [GG] Gl. (35.2)

$$\mu_0 \, I = \oint B \cdot \mathrm{d}s \, . \tag{59.8}$$

für eine Kreisbahn (Radius $r \leq R$) berechnen. Mit Gl. (59.7) und (59.8) ist

$$B = \mu_0 \cdot j \cdot r/2 \, . \tag{59.9}$$

Gl. (59.9) wird in Gl. (59.6) eingesetzt. Daraus ergibt sich nach Division durch das Volumen V des Drahtes die Kraftdichte

$$f = F/V = \mu_0 \cdot j^2 \cdot r/2 \, . \tag{59.10}$$

Integration über r liefert den Druck (Annahme: $j = $ konst.):

$$p = \int_0^R f(r)\mathrm{d}r = \mu_0\, j^2\, R^2/4\,.$$

(59.11)

Daraus ergibt sich mit Gl. (59.7)

$$p = \frac{\mu_0}{4\pi} \cdot \frac{I^2}{\pi R^2}\,.$$

(59.12)

Das ist - bis auf den Faktor 1,1 - das gleiche Ergebnis wie in Gl. (59.5).

Zahlenwert: Nach Gl. (59.12) ist $p = 10^5$ N m^{-2}.

Aufgabe 60: Öffnungsfunken

Ein Elektromagnet (Spule: $R = 110\ \Omega$, $L = 600$ H) wird mit Gleichspannung ($V_0 = 400$ V) in folgender Schaltung betrieben:

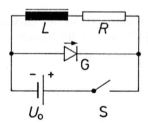

Fig. 60.1 Stromversorgung eines Elektromagneten

Durch Öffnen des Schalters S (Schaltzeit 10^{-2} s) wird die Stromversorgung unterbrochen, um den Magneten auszuschalten.

Fragen:

1. Wie ist der zeitliche Verlauf des Stroms?

2. Was würde beim Abschalten geschehen, wenn der Gleichrichter G nicht vorhanden wäre?

Lösung:

Hinweise zur Physik:
Selbstinduktion, Lenzsche Regel in [GG] Abschn. 41.3, Kirchhoffsche Gesetze in
[GG] Abschn. 34.1, Relaxationsprozesse in [GG] Abschn. 15.

Hinweise zur Mathematik: Lineare Differentialgleichung erster Ordnung

Bearbeitungsvorschlag:
1. Solange der Schalter S geschlossen ist ($t < 0$), wird der Gleichrichter in Sper-
richtung beansprucht. Es fließt nur im äußeren Kreis ein Gleichstrom

$$I_0 = U_0/R \,. \tag{60.1}$$

Zur Zeit $t = 0$ wird S geöffnet. Die induzierte Spannung ist, s. [GG] Gl. (41.14)

$$U = -L\dot{I} \tag{60.2}$$

und nach der Lenzschen Regel so gerichtet, daß der Gleichrichter nun in Durch-
laßrichtung ($\rightarrow$) betrieben wird. Im verbleibenden Stromkreis ("Masche") gilt
die "Maschenregel", s. [GG] Gl. (34.1):

$$L\dot{I} + RI = 0 \,. \tag{60.3}$$

Dabei haben wir den Durchlaßwiderstand des Gleichrichters vernachlässigt. Die
Lösung der Differentialgl. (60.3), ergibt den Stromverlauf durch den Gleichrichter
für $t \geq 0$, s. [GG] Gl. (41.19) bis (41.21):

$$I = (U_0/R) \cdot \exp(-Rt/L) \,. \tag{60.4}$$

Das ist ein Relaxationsprozeß mit der Zeitkonstanten

$$\tau = L/R \,, \tag{60.5}$$

wie er in [GG], Fig. 15.2 und Fig. 41.9 dargestellt ist.
2. Beim plötzlichen Abschalten wird die Induktionsspannung, s. Gl. (60.2)
so groß, daß die Luft zwischen den Schalterkontakten leitend wird und dort eine
Bogenentladung (Öffnungsfunken) zündet, die durch die in der Spule gespeicherte
magnetische Energie und aus der Spannungsquelle U_0 gespeist wird. Das kann
zur Zerstörung des Schalters führen.

Zahlenwerte:
1. Strom für $t < 0$ nach Gl. (60.1) $I_= = 3,64$ A, Zeitkonstante nach Gl. (60.5) $\tau = 5,45$ s.
2. Spannung am Schalter bei $t = 0$ ca. 218 kV nach Gl. (60.2).

Aufgabe 61: Altersbestimmung
Im Herbst 1991 wurde in den Ötztaler Alpen in Tirol die im Eis mumifizierte Leiche eines Mannes ("Ötzi") entdeckt. Die Radiokohlenstoffdaten ergaben, daß dieser Mensch in der Jung-Steinzeit vor ca. 5500 Jahren gelebt hat.

Fragen:

1. Welche spezifische Aktivität wurde an einer Kohlenstoffprobe aus diesem Fund gemessen, wenn die spezifische Aktivität lebender Materie 13,56 Zerfälle pro Minute und Gramm Kohlenstoff beträgt und das Isotop ^{14}C die Halbwertszeit $T_{1/2} = 5730$ Jahre hat?

2. Wie groß ist der Anteil des radioaktiven Isotops ^{14}C im Kohlenstoff ^{12}C für lebende Materie?

Lösung:

Anmerkung:
Eine Möglichkeit, das Alter archäologischer Funde zu bestimmen, beruht auf der Radioaktivität des Kohlenstoffs. Sie entsteht durch die kosmische Strahlung, die das radioaktive Isotop ^{14}C erzeugt, das mit der angegebenen Halbwertszeit zerfällt. Nach langer Zeit und guter Durchmischung kann man für den in der Atmosphäre und an der Erdoberfläche vorkommenden Kohlenstoff eine spezifische Aktivität erwarten, die durch die Gleichheit von Zerfalls- und Bildungsrate bestimmt ist.
In lebender Materie, die durch den Stoffwechsel an diesem Austausch teilnimmt, wurde der zeitlich konstante Wert $a_0 = 13,56$ Zerfälle $\cdot$ min^{-1} $\cdot$ g^{-1} gemessen. Nach dem Tod wird kein ^{14}C mehr aufgenommen. Die Aktivität nimmt ab. Ihre Messung ermöglicht die Altersbestimmung abgestorbener biologischer Materie in der Größenordnung der Zerfallszeit von ^{14}C.

Hinweise zur Physik:
[GG] Abschn. 45.1, [DKV] Abschn. 6.2.1.2, [TKO] Abschn. 21.2.2, 21.2.3, A.7 Aufgabe 21.3, [L].

In lebender Materie ist die Anzahl $N(0)$ der radioaktiven ^{14}C-Kerne zeitlich konstant. Nach dem Tod ändert sie sich durch den Zerfall, s. [GG] Gl. (45.21),

$$N(t) = N(0)\exp(-\lambda t)\,. \tag{61.1}$$

Anstelle der Zerfallskonstanten λ wird oft die anschaulichere Halbwertszeit $T_{1/2}$ angegeben. Es ist die Zeit, nach der die Anzahl der Kerne nur noch halb so groß wie zur Zeit $t = 0$ ist, also

$$N(T_{1/2}) = N(0)/2\,. \tag{61.2}$$

Mit Gl. (61.1) folgt

$$\lambda = \ln 2/T_{1/2}\,. \tag{61.3}$$

Gemessen werden kann die Anzahl der Zerfälle pro Zeit, die sogenannte *Aktivität*

$$A \equiv -\frac{\mathrm{d}N}{\mathrm{d}t} = \lambda \cdot N\,, \tag{61.4}$$

was sich mit Gl. (61.1) ergibt. Die Einheit heißt Bequerel (1 Bq = s^{-1}). Die *spezifische Aktivität* a bekommt man daraus durch Division mit der Masse m der Kohlenstoffprobe. Für lebende biologische Materie ist also

$$A(0)/m \equiv a(0) = 226,0\,\text{Bq/kg} \tag{61.5}$$

Bearbeitungsvorschlag:
Wir kennen die Größen $a(0)$, s. Gl. (61.5), $T_{1/2}$ und damit auch λ, s. Gl. (61.3), und das Alter von "Ötzi". Wir suchen $a(t)$ und $N(0)$. Die Größen N, A und a sind einander proportional. $A(t)$ und $a(t)$ verhalten sich zeitlich wie $N(t)$, s. Gl. (61.1):

$$A(t) = A(0)\exp(-\lambda t)\,, \tag{61.6}$$
$$a(t) = a(0)\exp(-\lambda t) \tag{61.7}$$

mit, s. Gl. (61.4),

$$A(0) = \lambda N(0), \tag{61.8}$$
$$a(0) = \lambda N(0)/m\,. \tag{61.9}$$

Mit Gl. (61.3) folgt aus Gl. (61.7)

$$a(t) = a(0)\exp(-\ln 2 \cdot t/T_{1/2})\,. \tag{61.10}$$

Die Anzahl der radioaktiven ^{14}C-Kerne pro Masse des Kohlenstoffs in lebender Materie ist nach Gl. (61.9) mit Gl. (61.3)

$$N_0/m = a(0) \cdot T_{1/2}/\ln 2 \,. \tag{61.11}$$

Die Anzahl der Kohlenstoffkerne ^{12}C pro Masse ist

$$n = N_A/M \tag{61.12}$$

mit der Avogadro-Konstanten N_A und der Molmasse $M = 12$ g $\cdot$ mol^{-1}. Der gesuchte Anteil ist mit den Gln. (61.11) und (61.12)

$$\frac{N(0)}{m \cdot n} = \frac{a(0) \cdot T_{1/2} \cdot M}{\ln 2 \cdot N_A} \,. \tag{61.13}$$

Zahlenwerte:
1. Nach Gl. (61.10) ist $a(t) = 116{,}2$ Bq/kg.
2. Nach Gl. (61.13) ist der Anteil $1{,}17 \cdot 10^{-12}$.

Aufgabe 62: Oszilloskop

In der Kathodenstrahlröhre eines Oszilloskops werden Elektronen in einem longitudinalen elektrischen Feld mit der Spannung $U_0 = 25$ kV in x-Richtung beschleunigt, durchfliegen einen Plattenkondensator und treffen nach einer Strecke $L \doteq 40$ cm auf einen Leuchtschirm. In transversalen Feld des Kondensators (Plattenlänge $\ell = 10$ cm, Plattenabstand $d = 3$ cm, Spannung $U = 100$ V) werden die Elektronen elektrostatisch in y-Richtung abgelenkt, s. Fig. 62.1.

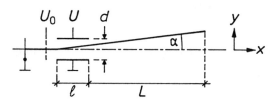

Fig. 62.1 Ablenkung eines Elektronenstrahls

Fragen:

1. Wie groß sind die Ablenkung y_S des Elektronenstrahls auf dem Leucht-schirm und die Empfindlichkeit y_S/U der Röhre, wenn sich der Kondensator innerhalb des Glaskolbens befindet?

2. Wie groß ist y_S, wenn sich der Kondensator außerhalb der 3 mm dicken Wandung des Glaskolbens befindet?

Lösung:

Hinweise zur Physik:
Bewegung mit konstanter Beschleunigung in [GG] Abschn. 5, Kraft auf eine elek-trische Ladung, Spannung, elektrisches Feld im Plattenkondensator, Isolator im Kondensator in [GG] Abschn. 29 bis 31.

Bearbeitungsvorschlag:
Ein Elektron (Ladung $q = -e$, Masse m) wird durch die Spannung U_0 beschleu-nigt und erhält eine Endgeschwindigkeit v, die wir aus der dabei gewonnenen kinetischen Energie berechnen können:

$$e\,U_0 = m\,v^2/2\,. \tag{62.1}$$

Das Elektron durchfliegt den Ablenkkondensator in der Zeit

$$t_C = \ell/v \tag{62.2}$$

und wird dabei in y-Richtung beschleunigt, s. [GG] Gl. (29.2)

$$a = (e/m)\,E\,. \tag{62.3}$$

Das führt zu einer Quergeschwindigkeit v_y und einer Ablenkung y_C am Ende des Kondensators, s. [GG] Gln. (5.3) und (5.6):

$$v_y = a\,t_C \;=\; (e/m)E\,t_C\,, \tag{62.4}$$
$$y_C = a\,t_C^2/2 \;=\; (e/m)E\,t_C^2/2\,. \tag{62.5}$$

Mit den Gln. (62.2) und (62.1) folgt aus den Gln. (62.4) und (62.5)

$$v_y/v \;=\; E\,\ell/(2\,U_0)\,, \tag{62.6}$$
$$y_C \;=\; E\,\ell^2/(4\,U_0)\,. \tag{62.7}$$

Das Elektron fliegt nach Verlassen des Kondensators unter einem Winkel α zur x-Richtung, s. Fig. (62.1). Mit den Gln. (62.6) und (62.7) ist

$$\tan\alpha = v_y/v = 2\,y_C/\ell\,. \tag{62.8}$$

Die Ablenkung auf dem Schirm ist

$$y_S = y_C + L \cdot \tan \alpha = y_C \left(1 + 2L/\ell\right).$$ (62.9)

Maßgeblich für die Ablenkung ist die elektrische Feldstärke E, der die Elektronen ausgesetzt sind, s. Gl. (62.7). Wir müssen E für die beiden Fälle unterscheiden: 1. Der Kondensator ist leer. Nach [GG] Gl. (30.9) ist

$$E_1 = U/d.$$ (62.10)

Damit ist die Ablenkung am Ende des Kondensators mit Gl. (62.7)

$$y_{C1} = \frac{1}{4} \frac{U}{U_0} \frac{\ell^2}{d}$$ (62.11)

und die Empfindlichkeit mit Gl. (62.9)

$$y_{S1}/U = \ell(\ell + 2L)/(4\,d\,U_0).$$ (62.12)

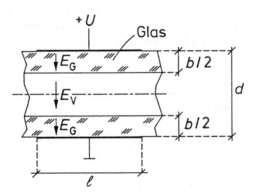

Fig. 62.2 Ablenkplatten außerhalb des Glaskolbens einer Kathodenstrahlröhre

2. Im Kondensator befindet sich Glas ($\varepsilon = 10$) als Dielektrikum, s. Fig. 62.2 Für die elektrischen Feldstärken im Vakuum E_V und im Glas E_G gilt, s. [GG] Tab. 31.1, Fig. 31.2 und Gl. (31.9)

$$E_V = \varepsilon E_G,$$ (62.13)

$$U = E_1\,d = E_V\,(d - b) + E_G\,b.$$ (62.14)

Die für die Ablenkung wirksame Feldstärke ist damit

$$E_2 = E_V = E_1 \left(1 - \frac{b}{d}\left(1 - \frac{1}{\varepsilon}\right)\right)^{-1},$$ (62.15)

die wir in Gl. (62.7) einsetzen müssen, um y_{C2} zu erhalten.

Zahlenwerte:

Die Ablenkungen y_C am Ende des Kondensators und y_S auf dem Schirm unterscheiden sich nach Gl. (62.9) um den Geometriefaktor $1 + 2\,L/\ell = 9$.
1. Nach Gl. (62.11) ist $y_{C1} = (1/3)$ mm, nach Gl. (62.9) $y_{S1} = 3$ mm. Die Empfindlichkeit nach Gl. (62.12) ist 30 μm/V.
2. Der Faktor E_V/E_1 in Gl. (62.15) gibt die Vergrößerung der Ablenkung durch das Glas an: $y_{C2}/y_{C1} = E_V/E_1 = 1{,}22$.
Damit ist $y_{C2} = 1{,}22 \cdot y_{C1} = 0{,}41$ mm, $y_{S2} = 3{,}7$ mm.

Aufgabe 63: Wickelkondensator

Zwei einseitig metallisierte Kunststoffolien (Länge $L = 46$ m, Breite $b = 72{,}5$ mm, Dicke $d = 13$ μm) aus Polypropylen ($\varepsilon = 2{,}2$) werden aufeinandergelegt, s. Fig. 63.1, und dann aufgewickelt, so daß eine zylindrische Rolle entsteht, die bei Anschluß einer Spannung U zwischen den Metallschichten elektrische Ladung Q speichern kann, also einen Kondensator darstellt.

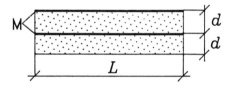

Fig. 63.1 Zwei metallisierte (M) Kunststoffolien

Fragen:

1. Wie groß sind der Radius R und die Anzahl N der Windungen des Kondensators?

2. Wie groß ist seine Kapazität C?

Lösung:

Hinweise zur Physik: Ladung, Spannung, Kapazität in [GG] Abschn. 29, 30, 31.

Bearbeitungsvorschlag:
1. Der Radius R ergibt sich aus dem Volumen V im ausgebreiteten Zustand, s. Fig. 63.1 bzw. im gewickelten Zustand, s. Fig. 63.2:

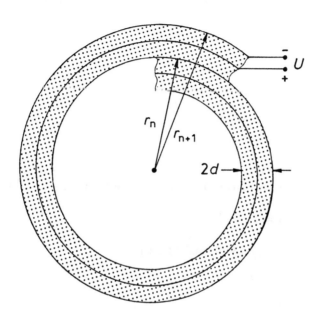

Fig. 63.2 Windung im gewickelten Zustand mit angelegter Spannung U

$$V = 2\,d\,L\,b = \pi R^2 \cdot b\,, \tag{63.1}$$

$$R^2 = 2\,d\,L/\pi\,. \tag{63.2}$$

Jede Windung hat die Dicke $2\,d$, so daß ihr Radius

$$r_n = 2\,n\,d \tag{63.3}$$

und der Radius der Rolle

$$R = 2\,N\,d \tag{63.4}$$

ist. Mit Gl. (63.2) ist

$$N^2 = L/(2\pi d)\,. \tag{63.5}$$

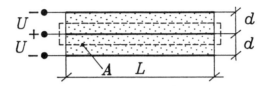

Fig. 63.3 Ausgebreitete Doppelschicht

2. Wir erkennen aus Fig. 63.2, daß die positiv geladene Metallschicht beidseitig von der negativ geladenen Schicht umgeben ist. Wir verzichten auf den Einfluß der Krümmung und berechnen ersatzweise die Kapazität der Anordnung in Fig. 63.3.
Die mittlere Metallschicht (Fläche $L \cdot b$) trägt die Ladung $+Q$. Wir umgeben sie mit einer geschlossenen Fläche A. Es gilt für die Ladung, s. [GG] Gl. (29.21),

$$Q = \oint \boldsymbol{D} \cdot \mathrm{d}\boldsymbol{A} = 2\,D\,L\,b\,. \tag{63.6}$$

Mit, s. [GG] Gln. (31.8), (30.9) und (30.10),

$$D = \varepsilon\,\varepsilon_0\,E = \varepsilon\,\varepsilon_0\,U/d\,, \tag{63.7}$$

$$Q = CU \tag{63.8}$$

folgt aus Gl. (63.6)

$$C = 2\,\varepsilon\,\varepsilon_0\,L\,b/d\,. \tag{63.9}$$

Mit der Windungszahl N aus Gl. (63.5) ist

$$C = 4\pi\,\varepsilon\,\varepsilon_0\,b\,N^2\,. \tag{63.10}$$

Zahlenwerte:
1. Nach Gl. (63.2) ist $R = 19,5$ mm, nach Gl. (63.5) $N = 750,4$.
2. Nach Gl. (63.9) oder Gl. (63.10) ist $C = 10\ \mu$F.

Aufgabe 64: Umladung von Kondensatoren

Ein mit der Spannung $U_0 = 100$ V geladener Kondensator (Ladung Q_0, Kapazität $C = 10$ μF) wird nach dem Abtrennen von der Spannungsquelle mit einem zweiten Kondensator gleicher Kapazität parallel geschaltet. Die Verbindungsleitungen haben den Widerstand $R = 1$ MΩ, s. Fig. 64.1.

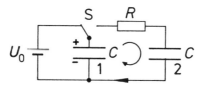

Fig. 64.1 Ladungsverteilung auf zwei parallel geschaltete Kondensatoren vor Umlegen des Schalters S

Fragen:

1. Wie ist der zeitliche Verlauf der Spannungen an den beiden Kondensatoren, des zwischen ihnen fließenden Stroms und der Leistung im Widerstand?

2. Wie groß ist die elektrische Energie am Anfang und am Ende des Experiments?

3. Welche Joulesche Wärme entsteht am Widerstand R?

Lösung:

Hinweise zur Physik:
Elektrische Energie und Entladung eines Kondensators in [GG] Abschn. 30, 32

Hinweise zur Mathematik:
$\dot{y} + y/\tau = 0 \rightarrow y = \exp(-t/\tau)$, $\int \exp(ax)\mathrm{d}x = (1/a)\exp(ax)$.

Bearbeitungsvorschlag:
1. Zur Zeit $t = 0$ wird der Kondensator 1 mit der Ladung Q_0 und der Spannung U_0, den wir dann wie eine Spannungsquelle betrachten können, durch Umlegen des Schalters S, s. Fig. 64.1 über den Widerstand R mit dem Kondensator 2 verbunden. Ein Strom I bewirkt den Ladungsausgleich zwischen den Kondensatoren. Mit dem in Fig. 64.1 gewählten Umlaufsinn besagt die "Maschenregel", s. [GG] Gl. (34.1),

$$U_1 = IR + U_2 .$$
(64.1)

In diese Gleichung führen wir die Ladung ein. Der Strom I wird durch die zeitliche Änderung der Ladung Q_2 beschrieben. Es ist, s. [GG] Gln. (30.10) und (32.21)

$$Q = CU, \tag{64.2}$$

$$I = dQ_2/dt \equiv \dot{Q}_2. \tag{64.3}$$

Wegen der Ladungserhaltung ist

$$Q_0 = Q_1 + Q_2. \tag{64.4}$$

Damit wird aus Gl. (64.1)

$$\dot{Q}_2 + (Q_2 - Q_0/2)/\tau = 0 \tag{64.5}$$

mit der Relaxationszeit

$$\tau = RC/2. \tag{64.6}$$

Mit der Substitution

$$\tilde{Q} = Q_2 - Q_0/2 \tag{64.7}$$

ist die Lösung von Gl. (64.5)

$$\tilde{Q} = \tilde{Q}_0 \exp(-t/\tau), \quad Q_2 = \tilde{Q}_0 \exp(-t/\tau) + Q_0/2. \tag{64.8}$$

Bei $t = 0$ ist $Q_2 = 0$. Damit wird

$$\tilde{Q}_0 = -Q_0/2, \tag{64.9}$$

und aus Gl. (64.8)

$$Q_2(t) = (Q_0/2)(1 - \exp(-t/\tau)). \tag{64.10}$$

Wegen Gl. (64.4) ist

$$Q_1(t) = (Q_0/2)(1 + \exp(-t/\tau)). \tag{64.11}$$

Der zeitliche Verlauf der Spannungen $U_2(t)$ und $U_1(t)$ ist der gleiche wie der in Gl. (64.10) und Gl. (64.11) wegen der Proportionalität zwischen Ladung und Spannung, s. Gl. (64.2). Der Strom ist mit den Gln. (64.3) und (64.10)

$$I = I_0 \exp(-t/\tau) \tag{64.12}$$

mit, s. Gln. (64.2) und (64.6),

$$I_0 = Q_0/(2\tau) = U_0/R. \tag{64.13}$$

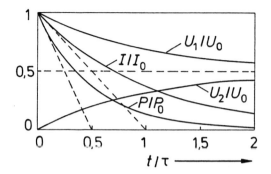

Fig. 64.2 Zeitlicher Verlauf der Spannungen U_1, U_2, (Ladungen Q_1, Q_2), des Stroms I und der Leistung P, s. Gln. (64.10), (64.11), (64.12), (64.14) , Relaxationszeit $\tau = R\,C/2$.

Die am Widerstand R entstehende Leistung ist, s. [GG] Gl. (32.31), unter Verwendung der Gln. (64.12) und (64.13)

$$P(t) = I^2 \cdot R = P_0 \exp(-2t/\tau)\,, \tag{64.14}$$
$$P_0 = U_0^2/R\,. \tag{64.15}$$

2. Die elektrische Energie befindet sich am Anfang nur im Kondensator 1. Sie ist, s. [GG] Gl.(30.20),

$$W_A = C\,U_0^2/2 = Q_0^2/(2\,C)\,. \tag{64.16}$$

Am Ende trägt jeder der beiden Kondensatoren die Ladung $Q_0/2$. Also ist

$$W_E = 2\,(Q_0/2)^2/(2\,C) = C\,U_0^2/4 = W_A/2\,. \tag{64.17}$$

3. Die verbrauchte Energie berechnen wir aus der Leistung, s. Gl. (64.14). Mit den Gln. (64.6) und (64.15) ist

$$W_R = \int_0^\infty P\,\mathrm{d}t = P_0\,\tau/2 = C\,U_0^2/4\,. \tag{64.18}$$

Mit den Gln. (64.16), (64.17) und (64.18) zeigt sich, daß die Energie insgesamt erhalten bleibt,

$$W_A = W_E + W_R\,, \tag{64.19}$$

und daß die Joulesche Wärme W_R genauso groß ist wie die restliche elektrische Energie W_E.

Zahlenwerte:
Nach Gl. (64.2) ist $Q_0 = 1$ mC, nach Gl. (64.13) $I_0 = 0,1$ mA, nach Gl. (64.15) $P_0 = 10$ mW, nach Gl. (64.6) $\tau = 5$ s. Wegen der Gln. (64.17) und (64.18) ist $W_A/2 = W_E = W_R = 25$ mJ.

Aufgabe 65: Potentiometer
Um eine Spannung U_0 zu verkleinern, kann ein Spannungsteiler (Potentiometer) benutzt werden, s. Fig. 65.1

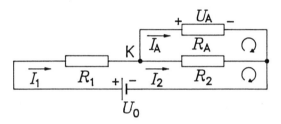

Fig. 65.1 Spannungsteilerschaltung

Fragen:

1. Wie groß ist die am Lastwiderstand R_A abfallende Spannung U_A als Funktion des Spannungsteilerverhältnisses $x = R_1/(R_1 + R_2)$ in Abhängigkeit vom relativen Lastwiderstand $r = R_A/(R_1 + R_2)$?

2. Wie groß muß R_A mindestens sein, damit U_A für $r = 0,5$ nicht mehr als 10% vom Grenzfall $R_A \to \infty$ abweicht?

Lösung:

Hinweise zur Physik: Kirchhoffsche Gesetze, Spannungsteiler in [GG] Abschn. 34

Bearbeitungsvorschlag:
1. Wir wollen U_A/U_0 als Funktion der Widerstände R_1, R_2 und R_A bzw. der Größe x mit r als Parameter berechnen. Um die Kirchhoffschen Gesetze anwenden

zu können, sind in Fig. 65.1 Strompfeile und der Umlaufsinn in den Maschen von
+ nach − eingetragen worden.
Im Knoten K ist, s. Fig. 65.1,

$$I_1 - I_2 - I_A = 0 \tag{65.1}$$

In der unteren Masche ist, s. [GG] Gl. (34.1),

$$-U_0 + I_1 R_1 + U_A = 0 \,, \tag{65.2}$$

in der oberen Masche

$$U_A - I_2 R_2 = 0 \,. \tag{65.3}$$

Außerdem ist

$$I_A = U_A / R_A \,. \tag{65.4}$$

Wir ersetzen die Ströme in Gl. (65.1) mit Hilfe der Gln. (65.2), (65.3) und (65.4)
und erhalten

$$\frac{U_A}{U_0} = \left(1 + \frac{R_1}{R_2} + \frac{R_1}{R_A} \right)^{-1} \,. \tag{65.5}$$

Einführen vor x und r erfordert einige Rechnungen und liefert

$$\frac{U_A}{U_0} = \frac{x \cdot r}{r + x - x^2} = \left(\frac{1}{x} + \frac{1}{r} - \frac{x}{r} \right)^{-1} \,. \tag{65.6}$$

Die Funktion $U_A/U_0 = f(x)$ mit r als Parameter zeigt Fig. 65.2.   Für die
Anwendung sind die Fälle interessant, in denen $U_A(x)$ einigermaßen linear ist,
also $r \geq 10$. Dazu betrachten wir die Näherungen
a) $R_A \gg R_2$ in Gl. (65.5) bzw. $r \gg x$ in Gl. (65.6), s. a. [GG] Gl.(34.17),

$$(U_A/U_0)_\infty = R_2/(R_1 + R_2) = x \,, \tag{65.7}$$

b) $R_A \gg R_1 \gg R_2$:

$$(U_A/U_0)_\infty \approx R_2/R_1 \,. \tag{65.8}$$

2. Die Forderung läßt sich formulieren als

$$(U_{A\infty} - U_A)/U_{A\infty} \leq 0,1 \,. \tag{65.9}$$

Division von Gl. (65.6) mit Gl. (65.7) liefert

$$U_A/U_{A\infty} = r/(r + x - x^2) \,. \tag{65.10}$$

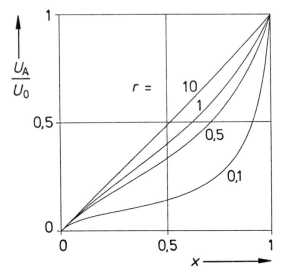

Fig. 65.2 Abhängigkeit der Ausgangsspannung U_A vom Spannungsteilerhältnis
$x = R_2/(R_1 + R_2)$ und dem relativen Lastwiderstand $r = R_A/(R_1 + R_2)$ als
Parameter

Das führt zu der Ungleichung

$$r \geq 9\, x(1 - x)\,. \tag{65.11}$$

Zahlenwerte:
Nach Gl. (65.11) ist bei $x = 0,5$, d.h. $R_1 = R_2$, die Abweichung von der
Linearität für $r \geq 2,25$, d.h. $R_a \geq 2,25(R_1 + R_2)$, nicht größer als 10%,
s.a. Fig. 65.2.

Aufgabe 66: Wheatstone-Brücke

Die in Fig. 66.1 angegebene Wheatstone-Brücke zur Messung des elektrischen
Widerstands ist als Schleifdraht-Meßbrücke ausgebildet. Auf dem Schleifdraht
aus Konstantan ($\rho = 0,50\ \mu\Omega$m, Länge $\ell = 6$ m, Durchmesser $2r = 0,3$ mm)
gleitet ein Kontakt K. Durch Verschieben von K wird der Brückenstrom durch
das Galvanometer G (Innenwiderstand $R_G = 100\,\Omega$) zu Null eingestellt (Abgleich
der Brücke $I_G = 0$). Der unbekannte Widerstand $R_1 = R$ ergibt sich aus dem

bekannten Widerstand $R_2 = R_N$ und der Stellung von K auf dem Schleifdraht. Die Betriebsspannung ist $U_0 = 2V$.

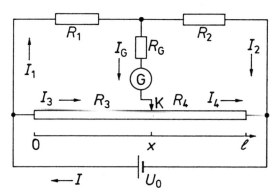

Fig. 66.1 Schleifdraht-Meßbrücke

Fragen:

1. Wie lautet die Abgleichbedingung?

2. Bei welcher Stellung des Schleifkontakts K ist die Genauigkeit der Widerstandsbestimmung ΔR, bezüglich einer Verschiebung $\delta x = 1$ mm von K am größten? Wie groß ist ΔR für $R = 100\,\Omega$?

3. Wie groß muß die Empfindlichkeit $\delta I_g/\delta R$ des Galvanometers G mindestens sein?

Lösung:

Hinweise zur Physik:
Kirchoffsche Gesetze und Wheatstone-Brücke in [GG] Abschn. 34.1. Serien- und Parallelschaltung von Widerständen in [GG] Abschn. 34.2.

Bearbeitungsvorschlag:
1. Der Schleifdraht besteht aus einem homogenen Material und hat einen konstanten Querschnitt A, so daß, s. z.B. [GG] Gl. (32.18), sein Widerstand

$$R_S = R_3 + R_4 = \rho \cdot \ell/A \qquad (66.1)$$

proportional zur Länge ℓ ist. Damit läßt sich die Abgleichbedingung, s. [GG] Gl. (34.10) schreiben als

$$R = R_N \cdot x/(\ell - x)\,. \qquad (66.2)$$

2. Zweimaliges Differenzieren der Funktion $R(x)$ ergibt mit Gl. (66.1)

$$\frac{\mathrm{d}R}{\mathrm{d}x} = \frac{R}{x(1 - x/\ell)}, \tag{66.3}$$

$$\frac{\mathrm{d}^2 R}{\mathrm{d}x^2} = \frac{R(\ell - 2x)}{x(1 - x/\ell)^2}. \tag{66.4}$$

Aus Gl. (66.3) folgt als Maß für die Genauigkeit der relative Fehler der Widerstandsmessung

$$\frac{\Delta R}{R} = \frac{\delta x}{x(1 - x/\ell)}. \tag{66.5}$$

Diese Funktion von x hat bei $x = 0$ und $x = \ell$ Polstellen. Dazwischen liegt ein Minimum. Durch Nullsetzen der Gl. (66.4) ergibt sich die größte Genauigkeit bei

$$x = \ell/2. \tag{66.6}$$

Dann ist

$$(\Delta R/R)_{\mathrm{M}} = 4\,\delta x/\ell. \tag{66.7}$$

Der Kontakt K sollte nach dem Abgleich etwa in der Mitte des Schleifdrahts liegen. Das wird durch die Vorwahl $R \approx R_{\mathrm{N}}$ erreicht.

3. Die abgeglichene Meßbrücke kann durch Verschiebung des Kontaktes K oder Änderung der Widerstände R_1 oder R_2 verstimmt werden. Wir wollen annehmen, daß der zu bestimmende Widerstand R_1 sich geringfügig um $\delta R = \Delta R$ ändert und die zugehörigen Brückenstromänderung δI_{G} berechnen. I_{G} hängt von den Widerständen und der Betriebsspannung U_0 ab. Wir wenden die Knoten- und Maschenregel an. Mit den Bezeichnungen in Fig. 66.1 ist in den Knoten

$$I = I_1 + I_3 = I_2 + I_4, \tag{66.8}$$

$$I_1 = I_2 + I_{\mathrm{G}}, \tag{66.9}$$

$$I_4 = I_3 + I_{\mathrm{G}} \tag{66.10}$$

und in den Maschen

$$I_1 R_1 + I_{\mathrm{G}} R_{\mathrm{G}} - I_3 R_3 = 0, \tag{66.11}$$

$$I_2 R_2 - I_4 R_4 - I_{\mathrm{G}} R_{\mathrm{G}} = 0. \tag{66.12}$$

Wir eliminieren mit Hilfe der Gln. (66.8), (66.9) (66.10) die Ströme I_2, I_3 und I_4 aus den Maschengleichungen und erhalten aus Gl. (66.11)

$$I_1 = \frac{I \cdot R_3}{R_1 + R_3} - \frac{I_{\mathrm{G}} \cdot R_{\mathrm{G}}}{R_1 + R_3} \tag{66.13}$$

und aus Gl. (66.12)

$$I_1 = \frac{I \cdot R_4}{R_2 + R_4} - \frac{I_G(R_2 + R_4 + R_G)}{R_2 + R_4} \, . \tag{66.14}$$

Durch Gleichsetzen der Gln. (66.13) und (66.14) ergibt sich

$$I_G = \frac{I(R_2\, R_3 - R_1\, R_4)}{R_G(R_1 + R_2 + R_3 + R_4) + (R_2 + R_4)(R_1 + R_3)} \, . \tag{66.15}$$

Diese Beziehung enthält die Abgleichbedingung für $I_G = 0$, vergl. Gl. (66.2):

$$R_1 \cdot R_4 = R_2 \cdot R_3 \, . \tag{66.16}$$

Den Strom I in Gl. (66.15) ersetzen wir durch

$$I = U_0/R_{\mathrm{i}} \, . \tag{66.17}$$

Der Innenwiderstand R_{i} der Schaltung ist im abgeglichenen Zustand, s. Fig. 66.1, eine Parallelschaltung der Reihenwiderstände $R_1 + R_2$ und

$$R_3 + R_4 = R_{\mathrm{S}} : \tag{66.18}$$

$$1/R_{\mathrm{i}} = 1/(R_1 + R_4) + 1/R_{\mathrm{S}} \, . \tag{66.19}$$

Aus Gl. (66.15) folgt unter Benutzung der Gln. (66.17), (66.18) und (66.19), mit

$$R_1 = R + \delta R \, , \quad R_2 = R \tag{66.20}$$

und der Vernachlässigung von δR im Nenner:

$$\frac{\delta I_G}{\delta R} \approx \frac{-U_0}{4R^2} \cdot \frac{R_{\mathrm{S}} + 2R}{R + 2R_G + R_{\mathrm{S}}(1 + R_G/R + R_{\mathrm{S}}/(4R))} \, . \tag{66.21}$$

Zahlenwerte:
Widerstand des Schleifdrahts nach Gl. (66.1) $R_{\mathrm{S}} = 42,44\ \Omega$. Genauigkeit der Widerstandsmessung nach Gl. (66.7) $\Delta R = 0,07\ \Omega$. Empfindlichkeit des Galvanometers nach Gl. (66.21) für $\delta R = \Delta R$ mindestens $|\delta I_G| = 2\ \mu\mathrm{A}$.

Aufgabe 67: Magnetfeld einer Zylinderspule

Zur Erzeugung eines Magnetfelds B wird eine einlagige Zylinderspule (Radius $R = 1$ cm, Länge $L \gg R$) aus einem Draht (Durchmesser $d = 0,3$ mm) gewickelt.

Frage:
Wie groß sind B und die elektrische Verlustleistung pro L für eine Spule aus

- einem supraleitenden Draht (z.B. Nb$_3$ Sn), der bei Abkühlung auf die Temperatur $T = 4,2$ K (mit flüssigem Helium) keinen elektrischen Widerstand hat, beim Betrieb mit einem Strom $I_1 = 100$ A?

- Kupferdraht (spezifischer elektrischer Widerstand $\rho = 1,7 \cdot 10^{-6}$ Ω· cm), der bei Zimmertemperatur mit einer Stromdichte $j = 5$ A/mm^2 belastet werden kann?

Lösung:

Hinweise zur Physik: Strom und Magnetfeld in [GG] Abschn. 35

Bearbeitungsvorschlag:
Das Magnetfeld ist auf der Achse in der Mitte einer langen Spule ($L \gg R$), s. [GG], Gln. (35.6) und (35.16),

$$B = \mu_0 N I / L \,. \tag{67.1}$$

Die Länge der Spule ergibt sich bei dichter Wicklung aus der Anzahl N der Windungen und dem Drahtdurchmesser d:

$$L = N \cdot d \,. \tag{67.2}$$

Für die supraleitende Spule ist also

$$B = \mu_0 \, I_1 / d \,. \tag{67.3}$$

Für die normalleitende Spule ist der maximal zulässige Strom

$$I_2 = j \cdot A \tag{67.4}$$

mit dem Drahtquerschnitt

$$A = \pi d^2 / 4 \tag{67.5}$$

und damit

$$B = \mu_0 \, j \, \pi \, d / 4 \,. \tag{67.6}$$

Die Wärme erzeugende elektrische Leistung ist, s. [GG], Gl. (32.31)

$$P = R \cdot I^2 \,. \tag{67.7}$$

Wir führen die Stromdichte

$$j = I/A \tag{67.8}$$

und den spezifischen Widerstand ρ, s. [GG] Gl. (42.1),

$$R = \rho\, \ell/A \tag{67.9}$$

in Gl. (67.6) ein. Die Drahtlänge ist

$$\ell = N \cdot 2\pi R\,. \tag{67.10}$$

Mit der Spulenlänge L aus Gl. (67.2) ist

$$\ell = L \cdot 2\pi R/d\,. \tag{67.11}$$

Damit ist die Leistung pro Spulenlänge

$$P/L = \rho\, \pi^2\, j^2\, R\, d/2\,. \tag{67.12}$$

Zahlenwerte:
Supraleitende Spule: Nach Gl. (67.3) ist $B = 0,419$ T und nach Gl. (67.7) $P = 0$ wegen $R = 0$. Normalleitende Spule: Nach Gl. (67.4) ist $I_2 = 0,353$ A, nach Gl. (67.6) $B = 1,48$ mT und nach Gl. (67.12) $P/L = 6,29$ W/m.

Anmerkung:
Starke Magnetfelder werden sowohl mit supraleitenden als auch mit normalleitenden Spulen erzeugt. Die normalleitende Spule eines sog. Bittermagneten für $B = 15$ T hat eine Leistung $P = 5$ MW und einem Kühlwasserbedarf von 350 m^3/h. Dagegen ist eine supraleitende Spule für $B = 15$ T vergleichsweise klein, erzeugt keine Wärme, muß allerdings bei tiefer Temperatur betrieben werden, wozu flüssiges Helium erforderlich ist.

Aufgabe 68: Ringmagnet

Ein zylindrischer Weicheisenstab (relative magnetische Permeabilität μ) wird ringförmig (mittlerer Radius $R = 0,1$ m) zu einem Torus gebogen, so daß zwischen den Enden ein Luftspalt (Dicke $d = 5$ mm) entsteht. Der Torus wird mit $N = 200$ Windungen eines Drahts, durch den ein Strom ($I = 5$ A) fließt, gleichmäßig bewickelt, s. Fig. 68.1.

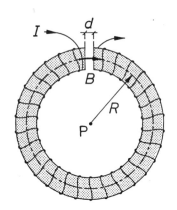

Fig. 68.1 Ringmagnet

Fragen:

1. Wie groß ist das Magnetfeld (B, H) innerhalb des Ringmagneten
   – im Material,
   – im Luftspalt?

2. Wie groß ist das Magnetfeld im Mittelpunkt P des Rings?

Lösung:

Hinweise zur Physik:
Materie im Magnetfeld in [GG] Abschn. 37, [DKV], Abschn. 3.3.5. Die Normal-komponente von B ist an Grenzflächen stetig. Für ein ferromagnetisches Material ist μ nicht konstant. Zur Vereinfachung nehmen wir im fraglichen Bereich jedoch einen mittleren, konstanten Wert $\mu = 2000$ an.

Bearbeitungsvorschlag:
1. Der Zusammenhang zwischen Strom und magnetischer Feldstärke H ist, s. [GG] Gl. (35.2),

$$I = \oint H \cdot ds \, . \tag{68.1}$$

Die Beziehung zwischen magnetischer Flußdichte B und H ist, s. [GG] Gl. (37.5),

$$B = \mu_0 \, \mu \, H \, . \tag{68.2}$$

Die Feldlinien verlaufen hauptsächlich innerhalb des Torus, kreisförmig im Uhrzeigersinn, s. Fig. 68.1. Zur Berechnung von H wählen wir eine repräsentative Feldlinie aus, d.h. wir integrieren entlang der strichpunktierten Linie in Fig. 68.1. Der Integrationskreis umschließt den Gesamtstrom NI. Damit folgt aus Gl. (68.1) für den Luftspalt (L) bzw. das Material (M):

$$NI = H_M(2\pi R - d) + H_L\, d\,. \tag{68.3}$$

Wegen der Stetigkeit von $B(B_M = B_L)$ ist nach Gl. (68.2) wegen $\mu_L = 1$

$$H_L = \mu\, H_M\,. \tag{68.4}$$

Beim Übergang von Material in den Luftspalt wird also **H** um den Faktor μ größer! Aus den Gln. (68.3) und (68.4) ergibt sich für die mit dieser Anordnung bezweckte magnetische Feldstärke im Luftspalt

$$H_L = \frac{NI}{d + (2\pi R - d)/\mu}\,. \tag{68.5}$$

Die magnetische Flußdichte ist nach Gl. (68.2)

$$B = B_M = B_L = \mu_0 H_L \tag{68.6}$$

mit der magnetischen Feldkonstanten μ_0.

2. Abgesehen vom Streufeld am Luftspalt ist an Fig. 68.1 zu sehen, daß der Strom durch die Wicklung auch einen Kreisstrom in der Zeichenebene bedeutet, der im Ringmittelpunkt P nach [GG] Gl. (35.4) ein schwaches Feld

$$H_P = I/(2R)\,, \tag{68.7}$$

$$B_P = \mu_0\, H_P = 2\pi \cdot 10^{-7}\mathrm{V\, s\, A^{-1}\, m^{-1}} \cdot I/R \tag{68.8}$$

erzeugt, das in Fig. 68.1 aus der Zeichenebene herauszeigen würde.

Zahlenwerte:

1. Nach Gl. (68.5) im Luftspalt $H_L = 1{,}88 \cdot 10^5$ A/m, nach Gl. (68.4) im Material $H_M = 94{,}1$ A/m und nach Gl. (68.6) $B = 0{,}237$ T.
2. Nach Gl. (68.7) ist $H_P = 25$ A/m, nach Gl. (68.8) $B_P = 31{,}4\ \mu$T. Zum Vergleich: Die derzeitige Horizontalkomponente des magnetischen Feldes der Erde ist in Aachen 19,4 μT.

Aufgabe 69: Erdmagnetfeld

Eine flache, kreisförmige Spule (Radius $R = 10$ cm, Windungsanzahl $N = 500$)
ist drehbar um einen Durchmesser gelagert. Durch Umklappen (Drehung um
180°) im erdmagnetischen Feld wird ein Spannungsstoß induziert, der z.B. mit
einem ballistischen Galvanometer gemessen werden kann. In Aachen ergeben sich
mit waagerechter Drehachse und senkrechter Spulennormale $1,37 \cdot 10^{-3}$ V s, mit
senkrechter Drehachse und Spulennormale in Nord-Richtung $0,61 \cdot 10^{-3}$ V s.

Frage:
Wie groß ist das Magnetfeld B und seine Inklination (Winkel zwischen Feldlinien
und Erdoberfläche)?

Lösung:

Hinweise zur Physik:
Magnetfeld in [GG] Abschn. 35, Induktion in [GG] Abschn. 36.2

Anmerkung:
Das Magnetfeld der Erde läßt sich an der Erdoberfläche formal ganz gut durch ein
von Nord nach Süd ausgerichtetes und im Erdmittelpunkt angebrachtes magne-
tisches Moment beschreiben. Es ist ein Dipolfeld, dessen (magnetischer) Nordpol
in der Nähe des geographischen Südpols liegt. Die Feldlinien verlaufen also vom
geographischen Südpol zum geographischen Nordpol. In unseren Breiten zeigt
das Feld in die Erde hinein, s. Fig. 69.1.

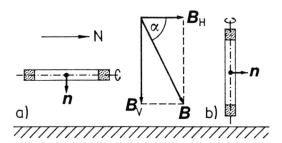

Fig. 69.1 Zur Richtung des erdmagnetischen Feldes auf der nördlichen Halbkugel,
   α - Inklination.
   a) Messung der Vertikalkomponente B_V
   b) Messung der Horizontalkomponente B_H

Bearbeitungsvorschlag:
Nach dem Induktionsgesetz, s. [GG] Gl. (36.6) ist der in der Spule induzierte
Spannungsstoß

$$\int_0^{\delta t} U \, dt = \int_0^{\delta\Phi} d\Phi = \delta\Phi \, . \tag{69.1}$$

Die zum Umklappen benötigte Zeit δt muß bei der ballistischen Messung, s.a.
Aufgabe 17, klein gegenüber der Schwingungsdauer des Galvanometers sein. Der
magnetische Fluß Φ durch die Spule ist

$$\Phi = B \, N \, A \cos\varphi \, , \tag{69.2}$$

wobei φ der Winkel zwischen B und der Normalen auf der Spulenfläche A ist. Für
die gewählten Anordnungen, s. Fig. 69.1 a) und b), ändert sich der Fluß beim
Umklappen jeweils vom Maximum zum Minimum, so daß für die Flußänderungen
gilt:

$$\delta\Phi_V = 2 \, B_V \, N \, A \, , \tag{69.3}$$
$$\delta\Phi_H = 2 \, B_H \, N \, A \, . \tag{69.4}$$

Für die Inklination α ist nach Fig. 69.1

$$\tan\alpha = B_V / B_H \, . \tag{69.5}$$

Zahlenwerte:
Spulenfläche $A = \pi \cdot 10^{-2} \, \mathrm{m}^2$, Vertikalkomponente s. Gln. (69.1) und (69.3),
$B_V = 43,6 \, \mu\mathrm{T}$, Horizontalkomponente s. Gln. (69.1) und (69.4), $B_H = 19,4 \, \mu\mathrm{T}$,
Inklination nach Gl. (69.5) $\alpha = 66°$.

Aufgabe 70: Halleffekt

Zur Bestimmung der Ladungsträgereigenschaften eines Silicium-Einkristalls wird
eine Probe mit den Abmessungen $\ell = 10$ mm, $a = 5$ mm, $b = 1$ mm hergestellt
und mit Strom- und Spannungskontakten versehen, s. Fig. 70.1. Bei einer
Spannung $U = 1$ V fließt ein Strom $I = 84$ mA. In einem Magnetfeld ($B = 0,3 T$)
wird eine Hallspannung $U_H = 22,5$ mV senkrecht zum Strom gemessen.

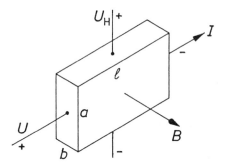

Fig. 70.1 Messung der Ladungsträgereigenschaften an einer Halbleiterprobe

Fragen:

1. Wie groß sind die elektrische Leitfähigkeit σ, die Ladungsträgerkonzentration n und die Beweglichkeit μ?

2. Wie groß ist die Hallspannung, wenn a und b vertauscht werden?

Lösung:

Hinweise zur Physik:
Ladungstransport in [GG] Abschn. 32, Lorentzkraft in [GG] Abschn. 35.6.

Bearbeitungsvorschlag:
1. Die gesuchten Größen sind nach [GG] Gl. (32.14) und (32.10) verknüpft durch

$$\sigma = j/E = n\, q\, \mu\,. \tag{70.1}$$

Durch Messung der Stromdichte, s. [GG] Gl. (32.8),

$$j = q\, n\, v = I/(ab) \tag{70.2}$$

und der Feldstärke in Stromrichtung

$$E = U/\ell \tag{70.3}$$

ist die elektrische Leitfähigkeit bekannt:

$$\sigma = \frac{I}{U} \cdot \frac{\ell}{ab}\,. \tag{70.4}$$

Der Halleffekt liefert das Hallfeld, s. [GG] Gl. (35.39),

$$\boldsymbol{E}_H \;=\; -\boldsymbol{v} \times \boldsymbol{B}\,, \tag{70.5}$$

$$E_H \;=\; U_H/a\,. \tag{70.6}$$

Für Löcherleitung ist E_H in Fig. 70.1 nach oben gerichtet und U_H negativ. Für Elektronenleitung ist E_H nach unten gerichtet und U_H positiv. In unserem Fall ist $U_H > 0$, also sind die Ladungsträger Elektronen.
Die Ladungsträgerkonzentration ist mit den Gln. (70.2), (70.5) und (70.6)

$$n = -\frac{IB}{U_H\,q\,b}\,. \tag{70.7}$$

Die Beweglichkeit μ ergibt sich einerseits mit den Gln. (70.5), (70.1) und (70.2), andererseits mit den Gln. (70.3) und (70.6) aus

$$E_H/E = -\mu B = (U_H/U)(\ell/a)\,. \tag{70.8}$$

2. Die Hallspannung U_H ist proportional zu $1/n$ und μ, s. Gln. (70.7) und (70.8). Bei großer Ladungsträgerkonzentration und kleiner Beweglichkeit wird U_H klein. Für die Messung von U_H wäre die Vertauschung von a und b ungünstig, was an Gl. (70.6) zu sehen ist.

Zahlenwerte:
1. Nach Gl. (70.4) ist $\sigma = 168\ \Omega^{-1}\mathrm{m}^{-1}$, nach Gl. (70.7) mit $q = -e$ ist $n = 6,99 \cdot 10^{21}\ \mathrm{m}^{-3}$, nach Gl. (70.8) ist $\mu = -0,150\ \mathrm{m^2\,V^{-1}s^{-1}}$.
2. Nach Gl. (70.6) ist $E_H = 450$ V/m. Messung der Hallspannung über die Probenbreite b ergäbe nur $U_H = 4,5$ mV.

Aufgabe 71: Feldeffekttransistor (FET)
Auf einem Halbleiter (z.B. schwach elektronenleitendes Silicium) als Substrat wird eine Schicht aus isolierendem SiO_2($\varepsilon = 4$, Dicke $d = 0,21\ \mu$m) und darüber eine dünne Metallschicht aufgebracht. Eine solche Schichtfolge (metal-oxid-semiconductur) ist eine sogenannte MOS-Struktur. Man kann sie als Kondensator betrachten, bei dem sich das Dielektrikum SiO_2 zwischen einer Metall- und einer Halbleiterplatte befindet. Die Halbleiterplatte ist dabei eine Randschicht des Substrats, dem sogenannten *Kanal* (Länge $\ell = 17\ \mu$m, Breite $b = 13$ mm, Höhe $h = 0,1\ \mu$m, Ladungsträgerkonzentration $n_0 = 10^{15}$ cm^{-3}, Beweglichkeit $\mu = -10^3$ cm^2 V^{-1} s^{-1}).

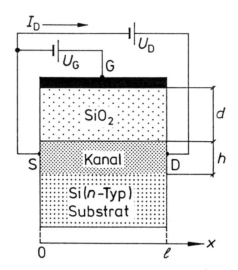

Fig. 71.1 MOS-Struktur, Bezeichnung der Elektroden: S - source (Quelle), D - drain (Senke), G - gate (Tor), s.a. [GG] Fig. 42.13, Fig. 42.14.

Die Aufladung des Kondensators mit einer Spannung U_G zieht Ladungsträger (Elektronen) aus dem Substrat in den Kanal und erhöht dessen Leitfähigkeit. Ein Strom I_D, der aufgrund einer Spannung U_D entlang des Kanals fließt, kann durch die "Gate"-Spannung U_G fast leistungslos gesteuert werden. Das wird im MOSFET ausgenutzt. Der elektronenleitende Kanal ist hier eine Anreicherungsrandschicht des elektronenleitenden (n-Typ) Substrats. Er kann auch eine Inversionsrandschicht eines löcherleitenden Substrats sein, s. [GG] Fig. 42.12.

Fragen:

1. Wie groß ist die Kapazität der MOS-Struktur?

2. Wie groß ist der Strom I_D durch den Kanal?

3. Wie groß ist die durch die Spannung U_G erzeugte Ladungsträgerkonzentration n_1?

4. Wie groß ist der Strom in Abhängigkeit von der Steuerspannung U_G?

Lösung:

Hinweise zur Physik:
Kapazität in [GG] Abschn. 30, elektrischer Strom, Leitfähigkeit, Beweglichkeit
in [GG] Abschn. 32, Feldeffekttransistor in [GG] Abschn. 42, [G] Abschn. 39,
[DKV] Abschn. 7.4.3.

Bearbeitungsvorschlag:
1. Wir benutzen die Formel für die Kapazität eines Plattenkondensators, s. [GG]
Gln. (30.11) und (31.12), und erhalten

$$C = \varepsilon \cdot \varepsilon_0 \cdot \ell \cdot b/d \, . \tag{71.1}$$

Die Ladung Q im Kanal wird durch die mittlere Spannung U_M am Kondensator
bestimmt, s. [GG] Gl. (30.10),

$$Q = C \cdot U_M \, . \tag{71.2}$$

Die Spannung ist gleich der Potentialdifferenz zwischen der Metallschicht (gate)
und Halbleiterschicht (Kanal). Die Metallschicht liegt auf dem konstanten Potential U_G. Entlang des Kanals steigt das Potential U_{SD}. Über die Länge ℓ von
0 auf U_D an. Die ladungserzeugende Spannung U hängt also von U_G und vom
Potential U_{SD} entlang des Kanals ab:

$$U = U_G - U_{SD} \, . \tag{71.3}$$

Sie ist am linken Rand $(x = 0)$ U_G und wird entlang x immer kleiner. Für
$U_{SD} = U_G$ ist $U = 0$ und damit wirkungslos. Deshalb können wir für die gesamte
Ladungserzeugung mit einer mittleren Spannung

$$U_M = U_G/2 \, . \tag{71.4}$$

rechnen.
Am rechten Rand $(x = \ell)$ soll gerade $U = 0$ sein, dann folgt für die stromerzeu-
gende Spannung

$$U_{SD} = U_D = U_G \, . \tag{71.5}$$

(Für $U_{SD} > U_G$ ist der Kanal wenig leitend und kann deshalb kaum noch zum
Strom beitragen.)
2. Die Stromdichte im Kanal ist, s. [GG] Gln. (32.13) und (32.14),

$$j_D = j_0 + j_1 = (\sigma_0 + \sigma_1)E_D = q\,\mu(n_0 + n_1)E_D \, , \tag{71.6}$$

wobei

$$\sigma_0 = n_0\, q\, \mu \tag{71.7}$$

die elektrische Leitfähigkeit im Kanal ohne Steuerspannung $U_G = 0$ aufgrund der vorhandenen Konzentration n_0 der Elektronen (Ladung $q = -e$) und ihrer Beweglichkeit μ bedeutet.

Außerdem ist

$$j = I/(hb)\,, \tag{71.8}$$

$$E_D = U_D/\ell\,. \tag{71.9}$$

Damit ist nach Gl. (71.6)

$$I_0 = j_0\, b\, h = -e\,\mu\,n_0\, U_D\, b\, h/\ell \tag{71.10}$$

3. Die zusätzliche Ladung ist, s. Gl. (71.2),

$$Q = C \cdot U_M = n_1\, q\, h\, b\, \ell\,, \tag{71.11}$$

$$n_1 = C U_M/(q\, h\, b\, \ell)\,. \tag{71.12}$$

4. Der Zusatzstrom ist

$$I_1 = j_1\, h\, b = \mu\, C\, U_M\, U_D/\ell^2 \tag{71.13}$$

und mit den Gln. (71.4) und (71.5)

$$I_1 = \mu\, C\, U_G^2/(2\ell^2)\,. \tag{71.14}$$

Zahlenwerte:
1. Nach Gl. (71.1) ist $C = 2,87$ pF.
2. Nach Gl. (71.10) ist für $U_D = 5$ V der Strom $I_0 = -0,6$ mA.
Dazu kommt noch der unter 4. berechnete Zusatzstrom I_1, wenn eine Spannung U_G anliegt.
3. Nach Gl. (71.4) und Gl. (71.12) ist für $U_G = 5$ V
$U_M = 2,5$ V und $n_1 = 2,6 \cdot 10^{16}$ cm^{-3}.
4. Nach Gl. (71.14) ist für $U_G = 5$ V der Zusatzstrom $I_1 = -16,1$ mA.

Aufgabe 72: Photowiderstand

In einem GaAs-Kristall sind die Elektronen mit einer Energie $W = 138$ kJ/mol gebunden. Durch Absorption von Licht können Elektronen als Ladungsträger freigesetzt werden. Dadurch wird der elektrische Widerstand eines Bauelements aus diesem Material erniedrigt.

Frage: In welchem Spektralbereich funktioniert ein solcher Photowiderstand?

Lösung:

Hinweise zur Physik:
Elektrische Leitung in Festkörpern in [GG] Abschn. 42, Lichtquanten und Atombau in [GG] Abschn. 45, innerer Photoeffekt in [DKV] Abschn. 7.4.3.

Bearbeitungsvorschlag:
Die Energie der einfallenden Lichtquanten ist, s. [GG] Gl. (45.48)

$$W_L = \hbar\omega = hc/\lambda \,, \tag{72.1}$$

Planck-Konstante $\hbar = h/(2\pi)$.
Damit Elektronen für den Ladungstransport geeignet sind, müssen sie von ihrer Bindung (Energie W_B) an die Atome befreit werden. Sie befinden sich dann quasifrei noch innerhalb des Kristalls (innerer Photoeffekt). Die Bedingung dafür und für die photoelektrische Wirkung ist:

$$W_L \geq W_B \,. \tag{72.2}$$

Die Bindungsenergie pro GaAs-Molekül ist

$$W_B = W/N_A \,, \tag{72.3}$$

Avogadro-Konstante N_A.
Die Grenzwellenlänge ist damit

$$\lambda_G = h\,c\,N_A/W \,. \tag{72.4}$$

Zahlenwert: Nach Gl. (72.4) ist $\lambda_G = 866$ nm.
Der Photowiderstand ist für Licht der Wellenlängen $\lambda < \lambda_G$ brauchbar, also im ultravioletten, sichtbaren und ganz nahen infraroten Spektralbereich.

Aufgabe 73: Ladungstransport in Halbleitern
Die freien Elektronen in einem Ge-Kristall haben bei der Temperatur $T = 300$ K eine Beweglichkeit $\mu = -0,38$ m^2 V^{-1} s^{-1}.

Frage:
Wie groß sind die mittlere Zeit τ zwischen zwei Stößen (Stoßzeit), die mittlere freie Weglänge ℓ, die Driftgeschwindigkeit v_D in einem elektrischen Feld $E = 0{,}1$ V/m und die thermische Geschwindigkeit der Elektronen?

Lösung:

Hinweise zur Physik:
Strom und Leitung in Festkörpern in in [GG] Abschn. 32 und 42.

Bearbeitungsvorschlag:
Nach [GG] Gl. (32.13) ist die Beweglichkeit

$$\mu = v_\mathrm{D}/E = q\tau/m \;. \tag{73.1}$$

Während der Zeit τ legen die Ladungsträger (Elektronen mit der Ladung $q = -e$ und der Masse $m = m_\mathrm{e}$) den Weg

$$\ell = v \cdot \tau \tag{73.2}$$

zurück. Die (thermische) Geschwindigkeit v erhalten wir durch Gleichsetzen von kinetischer und thermischer Energie, s. [GG] Gl. (24.19):

$$m\, v^2/2 = 3\, kT/2 \;, \tag{73.3}$$

Boltzmann-Konstante k.

Zahlenwerte:
Mit Gl. (73.1) ist $\tau = 2,16 \cdot 10^{-12}$ s. Nach Gl. (73.3) ist die thermische Geschwindigkeit $v = 1,17 \cdot 10^5$ m/s und damit nach Gl. (73.2) die freie Weglänge $\ell = 0,252\,\mu$m. Die Driftgeschwindigkeit ist nach Gl. (73.1) $v_\mathrm{D} = -3,8$ cm/s, also wesentlich kleiner als v.

Aufgabe 74: Autobatterie

Der Motor eines Kraftfahrzeugs wird durch eine Batterie ($U_0 = 12$ V, Ladung 66 Ah, innerer Widerstand R_i) über einen Anlasser (Widerstand R_A) gestartet. Beim Anlassen im Sommer (20°C) ist der Strom $I = 350$ A und die Klemmenspannung $U_\mathrm{K} = 10$ V. Im Winter (-18°C) ist $U_\mathrm{K} = 8$ V.

Fragen:

1. Wie groß sind der Widerstand R_A (Annahme: temperaturunabhängig) und der Strom im Winter?

2. Wie groß sind R_i und die elektrische Leistung P_A im Sommer und im Winter?

Lösung:

Hinweise zur Physik: Generatoren im Stromkreis in [GG] Abschn. 33

Bearbeitungsvorschlag:
Die Batterie wird in Fig. 74.1 durch die Spannungsquelle U_0 und den inneren
Widerstand R_i ersetzt. Die Spannung U_K an ihren Klemmen hängt vom Strom
durch den Anlasser (Widerstand R_A) ab.

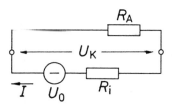

Fig. 74.1 Autobatterie mit Anlassser, Schaltbild

1. R_A kann aus den Sommerdaten bestimmt werden:

$$R_A = U_K/I .$$ (74.1)

2. Nach der Maschenregel, s. [GG] Gl. (34.1), ist

$$U_0 = IR_i + U_K = I(R_i + R_A) ,$$ (74.2)
$$R_i = (U_0 - U_K)/I .$$ (74.3)

Die Leistung ist, s. [GG] Gl. (33.15),

$$P_A = U_K \cdot I .$$ (74.4)

Zahlenwerte:
1. Nach Gl. (74.1) ist $R_A = 28{,}6 \cdot 10^{-3} \, \Omega$ und der Strom im Winter $I = 280$ A.
2. Nach Gl. (74.3) ist im Sommer $R_i = 5{,}71 \cdot 10^{-3} \Omega$, im Winter $R_i = 14{,}3 \cdot 10^{-3} \Omega$.
Nach Gl. (74.4) ist im Sommer $P_A = 3{,}5$ kW, im Winter $P = 2{,}24$ kW.

Aufgabe 75: Alte Autobatterie
Mit der Zeit hat sich in der Batterie aus Aufgabe 74 Anodenschlamm abgesetzt, so
daß sie sich ohne äußeren Widerstand innerhalb von 7 Tagen vollständig entladen
würde.

Fragen:
Wie hängt der Strom I_A von der Klemmenspannung U_K ab (Kennlinie $I_A = f(U_K)$)? Wie groß sind Leerlaufspannung und Kurzschlußstrom?

Lösung:

Hinweise zur Physik:
Generatoren im Stromkreis und Netzwerke in [GG] Abschn. 33 und 34

Bearbeitungsvorschlag:
Die Ersatzschaltung für die Batterie berücksichtigt die Selbstentladung durch einen Widerstand R_S, s. Fig. 75.1.

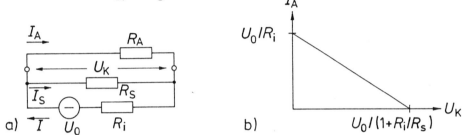

Fig. 75.1 Alte Autobatterie mit Anlassser: a) Schaltbild, b) Kennlinie $I_A = f(U_K)$, s. Gl. (75.5).

Unter der Annahme, daß der Entladestrom I_E konstant ist, läßt er sich aus der Ladung der Batterie und der Selbstentladezeit berechnen. Im Leerlauf $I_A = 0$ ist

$$R_S = (U_0/I_E) - R_i \,. \tag{75.1}$$

Knoten- und Maschenregel liefern im Betrieb $I_A \neq 0$, s. Fig. 75.1 a), folgende Beziehungen:

$$I = I_A + I_S \,, \tag{75.2}$$
$$U_0 = I R_i + U_K \,, \tag{75.3}$$
$$U_K = I_S R_S = I_A R_A \,. \tag{75.4}$$

Daraus ergibt sich die Kennlinie, s. Fig. 75.1 b),

$$I_A R_i = U_0 - U_K (1 + R_i/R_S) \,. \tag{75.5}$$

mit der Leerlaufspannung ($I_A = 0$):

$$(U_K)_0 = U_0/(1 + R_i/R_S) \tag{75.6}$$

und dem Kurzschlußstrom ($U_K = 0$):

$$(I_A)_0 = U_0/R_i \ . \tag{75.7}$$

Zahlenwerte:
Im Leerlauf ist der Selbstentladestrom $I_E = 66$ Ah/7 Tage $= 0,3929$ A. Damit und dem Innenwiderstand $R_i = 14,3 \cdot 10^{-3} \ \Omega$ im Winter, s. Aufgabe 74, ist nach Gl. (75.1) $R_S = 30,53 \ \Omega$. Nach Gl. (75.6) ist die Leerlaufspannung $(U_K)_0 = 11,99$ V. Nach Gl. (75.7) ist der Kurzschlußstrom $(I_A)_0 = 839$ A.

Aufgabe 76: Elektronenmikroskop

Elektronen durchdringen, nachdem sie mit einer Spannung $U_0 = 20$ kV beschleunigt wurden, eine dünne Ni-Folie.
1. Auf einem Leuchtschirm, der senkrecht zum ungebeugten Elektronenstrahl im Abstand $a = 10$ cm hinter der Folie steht, wird eine Beugungsfigur beobachtet. Es folgen Intensitätsmaxima im Abstand $x = 2,5$ mm vom Zentrum.
Fragen:
Wie groß sind die Geschwindigkeit und die Wellenlänge der einfallenden Elektronen? Wie groß ist die Gitterkonstante von Nickel?
2. Zur Abbildung des Ni-Kristalls wird eine Elektronenlinse (numerische Apertur $5 \cdot 10^{-3}$) verwendet.
Frage:
Auf welchen Betrag muß die Beschleunigungsspannung U erhöht werden, damit die einzelnen Atome getrennt abgebildet werden können?

Lösung:

Hinweise zur Physik:
Elektronenbeugung, Materiewellen in [GG] Abschn. 45.2, Interferenzmuster und Bild in [GG] Abschn. 21, Impuls und kinetische Energie, relativistisch in [DKV] Abschn. 8.2.2.

Lösung:

Hinweis zur Mathematik: $(1 + x)^{1/2} \approx 1 + x/2$ für $x \ll 1$

Bearbeitungsvorschlag:
1. Die Geschwindigkeit v_0 der Elektronen hängt von der Beschleunigungsspannung U_0 ab, s. Gl. (62.1):

$$v = (2 \, e \, U_0/m_e)^{1/2} \ . \tag{76.1}$$

Die de-Broglie-Wellenlänge der Elektronen mit dem Impuls p, den sie durch Beschleunigung mit der Spannung U_0 erhalten haben, ist, s. [GG] Gln. (45.29) und (45.30),

$$\lambda_0 = h/p = h \cdot (2\, m_e\, e\, U_0)^{-1/2}\,. \tag{76.2}$$

Die Elektronenwelle wird an der periodischen Struktur des Ni-Gitters gebeugt. Für den Beugungswinkel 1. Ordnung gilt, s. [GG] Gl. (18.41),

$$\sin\varphi = \lambda_0/d\,. \tag{76.3}$$

Das erste Beugungsmaximum erscheint unter dem Winkel ($\varphi \ll 1$)

$$\varphi = x/a\,. \tag{76.4}$$

Daraus folgt mit Gl. (76.3) für die Gitterkonstante

$$d = \lambda_0 \cdot a/x\,. \tag{76.5}$$

2. Der kleinste auflösbare Abstand muß mindestens gleich d sein. Wir benutzen die Gl. (52.14):

$$d = \lambda/A \tag{76.6}$$

mit der numerischen Apertur $A = 5 \cdot 10^{-3}$ der Elektronenlinse. Um die entsprechende Materiewellenlänge λ der Elektronen zu erzeugen, ist die Spannung von U_0 auf U zu vergrößern. Wir benutzen die Gln. (76.2), (76.5) und (76.6):

$$\frac{U}{U_0} = \left(\frac{\lambda_0}{\lambda}\right)^2 = \left(\frac{x}{a \cdot A}\right)^2\,. \tag{76.7}$$

Wir können den Zusammenhang zwischen U und λ auch direkt angeben, s. Gl. (76.2):

$$U = h^2/(2\, m_e\, e\, \lambda^2)\,. \tag{76.8}$$

Zahlenwerte:
1. Nach Gl. (76.1) ist $v = 8{,}39 \cdot 10^7$ m/s. Das sind 28% der Vakuumlichtgeschwindigkeit c ($v/c = 0{,}28$). Nach Gl. (76.2) ist die de-Broglie-Wellenlänge $\lambda_0 = 8{,}67 \cdot 10^{-12}$ m. Nach Gl. (76.5) ist die Gitterkonstante von Ni $d = 3{,}5 \cdot 10^{-10}$ m $= 3{,}5$ Å.
2. Für die Abbildung der Atome muß die Wellenlänge der Elektronen durch Erhöhung der Spannung verkleinert werden. Nach Gl. (76.6) ist

$\lambda = 1,7 \cdot 10^{-12}$ m und nach Gl. (76.7) $U = 25 \cdot U_0 = 500$ kV bzw. richtiger nach Gl. (76.11) $U = 368$ kV.

Anmerkung:
Die für die Abbildung erforderliche Spannung führt uns in einen Bereich, in dem die Bedingung $v \ll c$ nicht mehr erfüllt ist. Anhand von Gl. (62.1) ist zu sehen, daß schon bei einer Spannung von 256 kV die Lichtgeschwindigkeit erreicht würde. Anstelle der klassischen müssen die relativistischen Beziehungen für Impulse und Energie, s. z.B. [DKV] Gln. (8.20) und (8.24), benutzt werden:

$$p = \gamma\, m_e\, v\,, \tag{76.9}$$
$$W = m_e\, c^2(\gamma - 1)\,, \tag{76.10}$$

mit der Ruhemasse m_e des Elektrons und

$$\gamma = (1 - v/c)^{-1/2}\,. \tag{76.11}$$

Die Berechnung der Spannung ergibt

$$U = \frac{m_e\, c^2}{e}\left(\sqrt{1 + (\frac{h}{m_e\, c\, \lambda})^2} - 1\right) \tag{76.12}$$

anstelle der klassischen Beziehung, s. Gl. (76.8), die sich aus Gl. (76.12) ergibt, wenn gilt:

$$h/(m_e\, c\, \lambda) < 1\,. \tag{76.13}$$

Aufgabe 77: Michelson-Interferometer

Monochromatisches Licht aus der Lampe L, s. Fig. 77.1, fällt divergent auf einen Strahlteiler ST. Die Teilwellen werden in den Armen 1 und 2 von den Spiegeln S1 und S2 reflektiert und durch den Strahlteiler im Arm 3 überlagert. Dort kann als Interferenzfigur ein System konzentrischer heller und dunkler Ringe beobachtet werden. An einer bestimmten Stelle des Gesichtsfeldes, z.B. der Mitte M, wird es abwechselnd hell und dunkel, wenn der Spiegel S2 in x-Richtung verschoben wird. Für Helligkeit ist der Wegunterschied der beiden Teilwellen

$$2x = m\,\lambda \quad,\quad m = 0,1,2,\cdots\,. \tag{77.1}$$

wobei x die Verschiebung von S2 ist. Der Hin- und Rücklauf im Arm 2 bewirkt den Faktor 2. Aus der Zählung der Anzahl der Helligkeitswechsel für eine bestimmte

Spiegelverschiebung x läßt sich nach Gl. (77.1) entweder die Strecke x mit Lichtwellenlängengenauigkeit messen oder die Lichtwellenlänge aus der Messung von x bestimmen. Bei Verwendung einer Natrium-Spektrallampe beobachtet man die Überlagerung von zwei Ringsystemen, deren Ursache die beiden dicht benachbarten Wellenlängen (Na-Dublett) $\lambda = 588{,}9953$ nm und $\lambda + \delta\lambda = 589{,}5923$ nm sind. Wenn im Gesichtsfeld die Wellen bzw. dunklen Ringe der beiden Systeme aufeinander liegen, ist das Bild kontrastreich (konstruktive Interferenz). Wenn dagegen die hellen Ringe des einen Systems auf die dunklen Ringe des anderen Systems fallen, ist das Bild verwaschen (destruktive Interferenz).

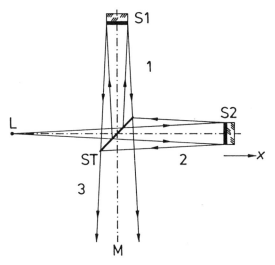

Fig. 77.1 Michelson-Interferometer, s.a. [GG] Fig. 22.4
     L - Lichtquelle, ST - Strahlteiler, S1, S2 - fester und verschiebbarer Spiegel

Fragen:
Wie läßt sich die Wellenlängendifferenz $\delta\lambda$ bei bekannter Wellenlänge λ aus der Spiegelverschiebung δx bestimmen, die nötig ist, um z.B. von einer konstruktiven Interferenz zur nächsten zu kommen? In welcher Ordnung der Interferenz geschieht das? Wie groß ist die Empfindlichkeit $\delta x/\delta\lambda$ dieser Methode?

Lösung:

Hinweise zur Physik:
Interferenzerscheinungen in [GG] Abschn. 18.4, Empfindlichkeit s. Anmerkung in Aufgabe 36.

Bearbeitungsvorschlag:
Die Wegstrecke s muß so groß sein, daß sie von der kürzeren Wellenlänge gerade eine mehr enthält als von der längeren

$$s = 2 \cdot \delta x = (m+1)\lambda = m(\lambda + \delta\lambda)\,, \qquad (77.2)$$

wobei m eine natürliche Zahl ist, s.a. Anmerkung 2. Aus Gl. (77.2) folgt für die Ordnung

$$m = \lambda/\delta\lambda \qquad (77.3)$$

und für den Zusammenhang zwischen $\delta\lambda$ und der Spiegelverschiebung δx:

$$\delta\lambda = \lambda^2/(2 \cdot \delta x - \lambda)\,, \qquad (77.4)$$

$$\delta x = \frac{\lambda(\lambda + \delta\lambda)}{2\,\delta\lambda}\,. \qquad (77.5)$$

Für die Empfindlichkeit folgt aus den Gln. (77.2) und (77.3)

$$\delta x/\delta\lambda = m(m+1)/2\,. \qquad (77.6)$$

Zahlenwerte:
Mit $\delta\lambda = 6,0 \cdot 10^{-10}$ m ist nach Gl. (77.5) $\delta x = 2,9 \cdot 10^{-4}$ m. Nach Gl. (77.3) ist die Ordnung $m = 987$. Nach Gl. (77.6) ist $\delta x/\delta\lambda = 4,9 \cdot 10^5$.

Anmerkung:
1. δx kann mechanisch mit Hilfe einer sog. "Mikrometerschraube" (Genauigkeit 0,01 mm) gemessen werden.
2. Ein Beispiel für das Ausmessen von Strecken mit unterschiedlichen "Schrittlängen" ist die *Noniusskala* auf der Schieblehre. Sie dient der Ablesung von Längen mit der Genauigkeit von 0,1 mm, obwohl die "Schrittlänge" auf der (oberen) Hauptskala nur $\lambda_1 \equiv \lambda + \delta\lambda = 1$ mm beträgt. Dazu wird die (untere) verschiebbare Noniusskala in Schritten von $\lambda_2 \equiv \lambda = 0,9$ mm geteilt. Damit ist $\delta\lambda = 0,1$ mm. Wenn also der n-te Teilstrich der Noniusskala mit einem Teilstrich auf der Hauptskala übereinstimmt, ist die Ablesemarke (Pfeilspitze in Fig. 77.2) um $n \cdot 0,1$ mm nach rechts vom nächsten Teilstrich auf der Hauptskala verschoben. Nach Gl. (77.2) ist $m = 9$ und $s = 9$ mm. Die Strecke s kann auch als "räumliche Schwebungsperiode", s. [GG] Abschn. 17, betrachtet werden. Durch Einführung der reziproken räumlichen Periodenlängen

$$\tilde{\nu} = 1/\lambda \qquad (77.7)$$

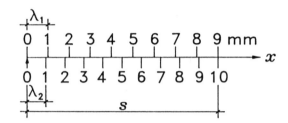

Fig. 77.2 Noniusskala

erscheint Gl. (77.5) in der einfachen Form:

$$1/s \equiv \tilde{\nu}_S = \tilde{\nu}_2 - \tilde{\nu}_1 .$$

(77.8)

Die Größe $\tilde{\nu}$ ist eine "Ortsfrequenz", heißt aber unglücklicherweise *Wellenzahl*, s. Gl. (57.1) und [GG] Gl. (18.5). Sie wird bei der Spektroskopie mit elektromagnetischen Wellen, besonders im infraroten Spektralbereich, mit der Einheit cm^{-1} verwendet. Wegen, s. [GG] Gl. (18.8) und (45.48),

$$W = h \cdot f = h\,c/\lambda = h\,c\,\tilde{\nu}$$

(77.9)

ist die "Ortsfrequenz" $\tilde{\nu}$ proportional zur "Zeitfrequenz" f und zur Energie W der elektromagnetischen Welle.

Übung:

Stellen Sie die Verhältnisse an der Noniusskala im reziproken Ortsraum dar.

Lösung:

Nach Gl. (77.7) sind die Ortsfrequenzen: $\tilde{\nu}_2 = (100/9)\ \text{cm}^{-1}$, $\tilde{\nu}_1 = 10\ \text{cm}^{-1}$, $\tilde{\nu}_s = (10/9)\ \text{cm}^{-1}$. Die Darstellung nach Gl. (77.8) ist:

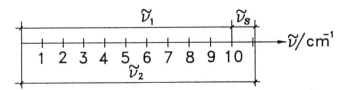

Fig. 77.3 Noniusskala als Beispiel für eine räumliche Schwebung mit der Schwebungsfrequenz $\tilde{\nu}_S$

Aufgabe 78: Gitterspektralapparat

Eine periodische Anordnung lichtdurchlässiger Spalte (Gitter) wird benutzt, um durch Beugung Lichtwellenlängen als Winkel zu messen. Mit einem Gitterspektralapparat soll die gelbe Natrium-Doppellinie $\lambda + \delta\lambda = 589,6$ nm, $\lambda = 589,0$ nm aufgelöst werden. Zum Gitter gibt es die Herstellerangabe: "15000 lines per inch" (1 inch = 25,4 mm).

Fragen:

1. Wieviele Gitterspalte sind nötig, wenn in der 1. Beugungsordnung beobachtet wird?

2. Wie groß muß das Gitter mindestens sein?

Lösung:

Hinweise zur Physik:
Spektroskopie in [GG] Abschn. 22, Interferenzmuster und Bild in [GG] Abschn. 21, Beugung am Einzelspalt in Aufgabe 47, [GG] Abschn. A 7.2.

Anmerkung:
Bei der Verwendung optischer Instrumente - einschließlich des Auges - ist eine ideale Abbildung deshalb nicht möglich, weil das Licht, das von einem Objektpunkt ausgeht, sich nicht wieder in einem Punkt zusammenführen läßt. Durch Beugung an den Blenden oder Spalten des Apparates entsteht eine Intensitätsverteilung (Beugungsbild), s. z.B. [GG] Fig. 21.1. Ein Maß für die Unterscheidbarkeit von zwei Objektpunkten ist das *Auflösungsvermögen*. Es wird beim Fernrohr als kleinster Winkel, s. [GG] Gl. (21.1) und beim Mikroskop als kleinster Abstand, s. [GG] Gl. (21.2) angegeben. Dabei liegt das *Rayleigh-Kriterium* zugrunde: Zwei Beugungsfiguren (Interferenzmuster) können dann noch unterschieden werden, wenn das Hauptmaximum des einen auf das erste Minimum des anderen fällt, s. [GG] Fig. 21.1. Beim Spektralapparat ist die Frage, ob Spektrallinien benachbarter Wellenlängen λ und $\lambda + \delta\lambda$ noch unterschieden werden können. Als Maß dafür wird das Auflösungsvermögen in der Form $\lambda/\delta\lambda$ angegeben. Um das Auflösungsvermögen zu berechnen, ist zu bedenken, daß Spektrallinien *Spaltbilder* sind. Das ist z.B. in [GG] Fig. (22.3) zu erkennen. Diese Spaltbilder erscheinen beim Gitter unter den Winkeln φ_m, s. Gl. (47.4) oder [GG] Gl. (22.1). Die Breite eines solchen Spaltbildes wird durch die Beugung an der Blende, die die Breite s des Gitters darstellt, bestimmt. Wir können die Gl. (47.1) für die Beugung am Einzelspalt benutzen, wobei die Spaltbreite s

hier der Breite des Gitters entspricht. Das erste Minimum liegt beim (kleinen) Winkel

$$\varphi_{MIN} = \lambda/s \,. \tag{78.1}$$

Die Breite des Gitters kann durch die Gitterkonstante d und die Anzahl p der Spalte ausgedrückt werden:

$$s = d \cdot p \,. \tag{78.2}$$

Bearbeitungsvorschlag:
Wir benutzen die Gl. (47.4) für die Linienlagen, die Gl. (78.1) mit Gl. (78.2) für die halbe Linienbreite und das Rayleigh-Kriterium:
Die Linien der beiden Wellenlängen haben nach Gl. (47.4) für kleine Winkel den (Winkel-)Abstand

$$\delta\varphi = \delta\lambda \cdot m/d \,. \tag{78.3}$$

Mit

$$\varphi_{MIN} = \delta\varphi \tag{78.4}$$

ergibt sich für das Auflösungsvermögen

$$\varphi_{m}/\delta\varphi = \lambda/\delta\lambda = m \cdot p \,. \tag{78.5}$$

1. Die Anzahl p der Gitterspalte ist für die erste Ordnung ($m = 1$) nach Gl. (78.5) gleich dem Auflösungsvermögen.
2. Der Hersteller hat in eine durchsichtige Platte 15000 Furchen auf 25,4 mm geritzt. Dazwischen liegen dann 15000 Gitterspalte. Die Gitterkonstante d ist der Periodizitätsabstand dieser Struktur. Bei senkrecht stehenden Spalten ist die erforderliche Gittergröße durch die Breite s bestimmt.

Zahlenwerte:
1. Nach Gl. (78.5) ist $p = 982$.
2. $d = 25{,}4$ mm$/15000 = 1{,}69$ μm, nach Gl. (78.2) $s = 1{,}7$ mm.

Aufgabe 79: Zyklotron

In einem Zyklotron (Radius $r_0 = 0,5$ m, Magnetfeld $B = 1$ T) sollen Protonen beschleunigt werden.

Fragen:

1. Welche Geschwindigkeit v bzw. Energie W_{kin} kann maximal erreicht werden?

2. Mit welcher Wechselspannung $U = U_0 \sin(\omega t)$ muß das Zyklotron betrieben werden, wenn ein Proton in $N = 100$ Umläufen die Maximalenergie erreichen soll?

Lösung:

Hinweise zur Physik:
Zentrifugal-, Coulomb- und Lorentzkraft in [GG] Abschn. 7, 29 und 35.6, Zyklotron in [DKV] Abschn. 3.3.3.2, [TKO] Abschn. 21.3.2, [T] Abschn. 24.2.

Anmerkung:
Das Zyklotron ist ein Beschleuniger für geladene Teilchen (Ionen) mit der Masse m und der Ladung q. In einer evakuierten Kammer und einem homogenen Magnetfeld $\boldsymbol{B}$ befinden sich zwei hohle, halbzylinderförmige Metallelektroden D_1 und D_2 (Radius r_0, Abstand d), an denen eine Wechselspannung U anliegt, s. Fig. 79.1. Teilchen aus einer Quelle (O) werden im elektrischen Feld $\boldsymbol{E}$ auf der Strecke d beschleunigt, durch das B-Feld auf einem Halbkreis umgelenkt und wieder auf der Strecke d zwischen D_1 und D_2 beschleunigt. Dazu muß $\boldsymbol{E}$ inzwischen umgepolt worden sein. Das wird solange wiederholt, bis das Teilchen aufgrund der wachsenden Geschwindigkeit und des wachsenden Bahnradius den Rand der Elektroden erreicht hat und dort ausgekoppelt werden kann.

Bearbeitungsvorschlag:
1. Auf dem Weg d gewinnt das Teilchen durch die Spannung U_0 die kinetische Energie, s.a. Gl. (62.1),

$$m\,v^2/2 = q\,U_0 \,. \tag{79.1}$$

(Wir vernachlässigen dabei die Bahnkrümmung durch das B-Feld). Innerhalb der Elektrode durchläuft das Teilchen einen Halbkreis, dessen Radius r durch das Kräftegleichgewicht zwischen Zentrifugalkraft und Lorentzkraft bestimmt ist:

$$m\,v^2/r = e\,v\,B \,. \tag{79.2}$$

Die maximal erreichbare Geschwindigkeit v_{M} bzw. Energie W_{M} erhalten wir daraus für $r = r_0$:

$$v_{\text{M}} = (q/m)\,B\,r_0 \,, \tag{79.3}$$
$$W_{\text{M}} = m\,v_{\text{M}}^2/2 = q\,U_{\text{M}} \,. \tag{79.4}$$

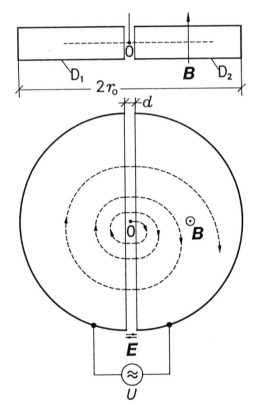

Fig. 79.1 Zyklotronelektroden D_1, D_2, Bahn eines positiv geladenen Teilchens - - -.

Wir nehmen an, daß wir für die Masse die (konstante) Ruhemasse einsetzen dürfen, d.h. $v_M \ll c$.

2. Die Wechselspannung muß immer dann, wenn das Teilchen den Spalt durchläuft, den Betrag U_0 haben. Bei N Umläufen wird das Teilchen 2 N-mal mit U_0 beschleunigt, so daß mit der resultierenden Spannung U_M, s. Gl. (79.4), gilt

$$U_0 = U_M/(2N) \,. \tag{79.5}$$

Um die Frequenz der Wechselspannung zu bestimmen, berechnen wir die Kreisfrequenz ω_C der Teilchenbahn mit $v = \omega_C \cdot r$ aus Gl. (79.2):

$$\omega_C = 2\,\pi\,f_C = (e/m)\,B \,. \tag{79.6}$$

Die sog. *Zyklotronfrequenz* f_C ist vom Bahnradius r unabhängig, jedenfalls solange m konstant ist. Die Spannung U muß die Frequenz f_C haben.

Zahlenwerte:

Proton: $m = m_P$, $q = e$.

1. Nach Gl. (79.3) ist $v_M = 0,5 \cdot 10^8$ m/s $= 0,16$ c, nach Gl. (79.4)
$W_M = 2 \cdot 10^{-12}$ J $= 12$ MeV, $U_M = 12$ MV.

2. Nach Gl. (79.5) $U_0 = 60$ kV, nach Gl. (79.6) $\omega = \omega_C = 9,6 \cdot 10^7$ s^{-1}, ($f_C = 15,2$ MHz).

Aufgabe 80: Lichtbündel

Mit Hilfe einer Lampe (kreisförmiges Leuchtfeld, Durchmesser $G = 3$ mm) und einer Kondensorlinse (Durchmesser d, Brennweite f) soll ein Lichtbündel mit einem konstanten Durchmesser $d = 57$ mm und der Länge $b = 10$ m hergestellt werden.

Fragen:

1. Welcher Abbildungsstrahlengang wird gewählt?

2. Welche Kondensorlinse ist erforderlich?

Lösung:

Hinweise zur Physik:
Strahlenoptik, ideale Abbildung, Linsen in [GG] Abschn. 19

Anmerkung:
Abbildungsfehler und Beugungserscheinungen wollen wir nicht berücksichtigen. Im Rahmen der Strahlenoptik wäre das Problem leicht zu lösen, wenn es punktförmige Lichtquellen gäbe. Die Lichtquelle würde im Brennpunkt der Kondensorlinse stehen. Im Sinne der Abbildungsgleichung, s. [GG] Gl. (19.3),

$$1/f = 1/a + 1/b \tag{80.1}$$

wäre die Brennweite $f = a$. Der Rand der Kondensorlinse würde den Bündeldurchmesser bestimmen ($d = B$). Da die Lichtquelle jedoch ausgedehnt ist, entsteht, wenn sie sich in der Brennebene befindet, hinter der Linse ein divergentes Bündel.

Bearbeitungsvorschlag:
1. Wir wählen die Gegenstandsweite $a > f$ so, daß das Leuchtfeld der Lampe an das "Ende" des gewünschten Lichtbündels in der Größe $B = d$ abgebildet wird, s. Fig. 80.1.

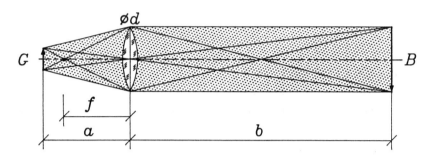

Fig. 80.1 Erzeugung eines Lichtbündels (Länge b, Durchmesser $B = d$)

2. Der Abbildungsmaßstab, s. z.B. Gl. (45.2), ist

$$V_A \;=\; B/G = b/a \,, \tag{80.2}$$
$$a \;=\; b/V_A \,. \tag{80.3}$$

Aus den Gln. (80.1) und (80.3) folgt die Brennweite

$$f = B(V_A + 1)^{-1} \,. \tag{80.4}$$

Zahlenwerte:
Nach Gl. (80.2) ist $V_A = 19$, $a = 526$ mm.
Kondensorlinse: Durchmesser $d = 57$ mm, nach Gl. (80.4) $f = 500$ mm.

Frage:
Wie groß ist der Bündeldurchmesser am Ende, wenn das Leuchtfeld der Lampe in der Brennebene dieser Kondensorlinse steht?

Bearbeitungsvorschlag:
Aus einem Strahlengang, der im Bildraum die Parallelbündel und die Bündel-
achsen der Randpunkte des Leuchtfelds enthält, s. Fig. 80.2, lesen wir für den
Bündeldurchmesser $D + d$ ab.

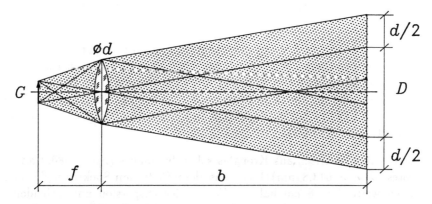

Fig. 80.2 Leuchtfeld G in der Brennebene der Kondensorlinse

Es ist

$$D/G = b/f\,. \tag{80.5}$$

Zahlenwerte: Nach Gl. (80.5) $D = 60$ mm, $D + d = 117$ mm.

Klausuraufgaben 1

1. Auf der Oberfläche eines Silicium-Kristalls befinden sich elastisch gebundene (Federkonstante $D = 262{,}5$ N/m) Kohlenstoffatome (Masse $m_C = 12\,m_P$). Bei welcher (Kreis-)Frequenz bzw. Wellen-länge(zahl) könnten sie spektroskopisch nachgewiesen werden? Wie heißt der zugehörige Spektralbereich?

2. Ein Sportwagen wird von einem Achtzylindermotor angetrieben. Die Einspritzpumpe arbeitet mit einer Frequenz f, die achtmal größer als die Umdrehungszahl des Motors (12000 Umdrehungen/min) ist. Wie groß ist die Frequenzänderung des Pumpengeräuschs, wenn der Sportwagen mit einer Geschwindigkeit $v = 180$ km/h dicht an Ihnen vorbeifährt? (Schallgeschwindigkeit $v_S = 330$ m/s).

3. Zwei Bikonvexlinsen aus Kronglas sollen für blaues ($\lambda_{F'} = 480{,}0$ nm) und rotes ($\lambda_{C'} = 643{,}8$ nm) Licht aus dem Cadmium-Spektrum die gleiche Brennweite $f = 8$ cm haben. Wegen der Dispersion unterscheiden sich die Brechungsindices: $n_{F'} = 1{,}52960, n_{C'} = 1{,}52059$. Wie groß müssen die Krümmungsradien r der Linsen hergestellt werden?

4. Die Aktivität $A(t)$ eines radioaktiven Präparats ändert sich in einem Jahr von 9000 Bq auf 8780 Bq. Wie groß ist Halbwertszeit $T_{1/2}$ der Kernreaktion?

5. Ein Fenster besteht aus einem Zweischeiben-Isolierglas. Die warme (18°C) Innenscheibe ist beschichtet (Emissionsgrad $\epsilon_1 = 0{,}05$), die kalte (−5°C) Außenscheibe ist unbeschichtet (Emissionsgrad $\epsilon_2 = 0{,}9$). Wie groß ist der Strahlungsverlust
   a) durch dieses Isolierglas,
   b) ohne Beschichtung,
   c) bei Beschichtung beider Scheiben?

6. Die Wolframwendel einer 100-W-Glühlampe hat im normalen Betrieb eine Temperatur $T_1 = 2750$ K. Wie groß ist die Temperatur T_2 beim Betrieb mit einer Leistung $P = 50$ W?

7. Natrium-Atome (Atommassenzahl 23) emittieren gelbes Licht (Natrium-D-Linie, Frequenz $f = 5{,}087 \cdot 10^{14}$ Hz). In einer Na-Gasentladungslampe bewegen sich die Atome mit einer mittleren thermischen Geschwindigkeit v (Temperatur $T = 300$ K). Wie groß ist die Linienverbreiterung (Frequenzverschiebung) der Natrium-D-Linie aufgrund des Dopplereffekts?

8. Die Frequenz einer Laserstrahlung wird mit einem Michelson-Interferometer gemessen. Bei einer Spiegelverschiebung $x = 3,164\,\mu$m wird eine Folge von 10 Intensitätsmaxima beobachtet. Wie groß ist die Frequenz bzw. Wellenlänge der Strahlung? Welcher Laser strahlt mit dieser Wellenlänge? Welche Farbe hat das Licht?

9. In einem Photowiderstand aus Silicium wird der elektrische Widerstand durch Ladungsträger erniedrigt, die durch Absorption von Licht aus ihren gebundenen Zuständen (Bindungsenergie $W = 1,1$ eV) freigesetzt werden. Welche Bedingung gilt für die Wellenlänge des Lichts, das mit diesem Photowiderstand nachgewiesen werden kann? Wie nennt man die zugehörigen Spektralbereiche?

10. Neutronen aus einem Forschungsreaktor mit einer Temperatur $T = 300$ K werden durch einen Silicium-Einkristall in der ersten Beugungsordnung um einen Winkel $\varphi = 15,6°$ abgelenkt. Wie groß ist die Gitterkonstante d des Kristalls?

11. Eine zu untersuchende Materialprobe wird durch Röntgenlicht zur Fluoreszenzstrahlung angeregt. Die Probe enthält die Elemente Tantal (Ta), Molybdän (Mo) und Wolfram (W). Bei welchen Quantenenergien bzw. Wellenlängen wird die Fluoreszenzstrahlung (charakteristische Röntgenstrahlung) beobachtet?

12. Zur Charakterisierung von Festkörpern können α-Strahlen (He^{2+}-Ionen) benutzt werden (Rutherford-backscattering). Dabei läßt sich der Streuprozeß der mit einer kinetischen Energie $W = 2$ MeV eingeschossenen He^{2+}-Kerne als Bewegung von punktförmigen Teilchen beschreiben. Wieso führt der Wellencharakter der α-Strahlen dabei nicht zu Beugungserscheinungen?

Lösungsskizzen 1

1. Kreisfrequenz $\omega = \sqrt{D/m} = 1,14 \cdot 10^{14}\,\text{s}^{-1}$,
   Frequenz $f = \omega/(2\pi) = 1,82 \cdot 10^{13}\,\text{Hz}$,
   Wellenlänge $\lambda = c/f = 16,5\,\mu\text{m}$,
   Wellenzahl $\tilde{\nu} = 1/\lambda = 607\,\text{cm}^{-1}$, infraroter Spektralbereich

2. $f = 8 \cdot 12 \cdot 10^3/(60\,\text{s}) = 1,6\,\text{kHz}$, $v/v_S = 50/330$,
   Dopplereffekt mit bewegtem Sender,
   Annäherung: $f_A = f/(1 - v/v_S) = 1885,7\,\text{Hz}$,
   Entfernung: $f_E = f/(1 + v/v_S) = 1389,5\,\text{Hz}$
   Frequenzänderung (Abnahme): $f_E - f_A = -496\,\text{Hz}$

3. $1/f = (n-1)2/r \rightarrow r = 2f(n-1)$,
   $r_{F'} = 84,74\,\text{mm}$ (Blau), $r_{C'} = 83,29\,\text{mm}$ (Rot)

4. $A(t)/A(0) = \exp(-\ln 2 \cdot t/T_{1/2}) \rightarrow T_{1/2} = \dfrac{-\ln 2 \cdot t}{\ln(A(t)/A(0))} = 28$ Jahre

5. Die Verlustleistung pro Fläche durch Abstrahlung ist $P_S/(A \cdot \epsilon_{\text{eff}})$ mit
   $P_S/A = \sigma(T_1^4 - T_2^4)$ und $\epsilon_{\text{eff}} = 1/\epsilon_1 + 1/\epsilon_2 - 1$.

   Die Temperaturen sind innen $T_1/\text{K} = 18 + 273{,}15$ und außen
   $T_2/\text{K} = -5 + 273{,}15$. Damit ist $P_S/A = 114,3\,\text{W/m}^2$ und

	ϵ_1	ϵ_2	ϵ_{eff}	$P_S/(Af)$
a)	0,05	0,9	181/9	5,68 W/m^2
b)	0,9	0,9	11/9	93,5 W/m^2
c)	0,05	0,05	39	2,93 W/m^2

6. Annahmen: Elektrische Leistung = Strahlungsleistung, Umgebungstemperatur vernachlässigt.

   $$P = A\,\sigma\,T^4 \rightarrow P_1/P_2 = T_1^4/T_2^4 = 2 \rightarrow T_2 = \sqrt[4]{0,5}\,T_1 = 2312\,\text{K}$$

7. $mv^2/2 = 3\,k\,T/2$ (kinet. Energie = therm. Energie),
   $m = 23\,m_P$, $v = \sqrt{3\,k\,T/(23\,m_P)} = 2,32 \cdot 10^3\,\text{m/s}$,
   relative Frequenzverschiebung $\delta f/f = v/c = 7,74 \cdot 10^{-6}$,
   $\delta f = 3,94 \cdot 10^9\,\text{Hz}$

8. Wellenlänge $\lambda = 2 \cdot (x/10) = 632,8\,\text{nm}$, Frequenz $f = c/\lambda = 4,74 \cdot 10^{14}\,\text{Hz}$,
   He-Ne-Laser, Rot

9. Energie des Lichts $hc/\lambda \geq W \rightarrow \lambda \leq hc/W$, $\lambda \leq 1,13\ \mu m$.
Licht im ultravioletten, sichtbaren und ganz nahen infraroten Spektralbereich ist nachweisbar.

10. Gitterkonstante aus $\sin\varphi = \lambda/d$, Materiewellenlänge λ aus dem Impuls $p = h/\lambda$, kinetische Energie $W_{kin} = 3\,k\,T/2 = p^2/2\,m_n = h^2/(2\,m_n\lambda^2)$, $d = h(3\,k\,T\,m_n)^{-1/2}/\sin\varphi = 0,54\ nm$

11. Quantenenergie nach dem Moseley-Gesetz $hc/\lambda = 3R_\infty(Z-1)^2/4$

Element	Mo	Ta	W	
Ordnungszahl Z	42	73	74	(s. Periodensystem)
Quantenenergie/($10^4\ eV$)	1,72	5,29	5,44	
Wellenlänge $\lambda/(10^{-11}\ m)$	7,23	2,35	2,28	

12. Beugungserscheinungen werden deutlich, wenn die Wellenlänge die Größenordnung der Öffnungen annimmt. Es ist die de-Broglie-Wellenlänge λ der He-Kerne mit der Gitterkonstante von Festkörpern ($a \approx 5 \cdot 10^{-10}\ m$) zu vergleichen. Berechnung von $\lambda = h/p = h/(m\,v)$ aus $W = m\,v^2/2$ mit $m = 4\,m_P$: $\lambda = h(4\,m_P\,W)^{-1/2} = 1,4 \cdot 10^{-14}\ m$, keine Beugung wegen $\lambda \ll a$.

Klausuraufgaben 2

1. Hafenschlepper
   Ein Hafenschlepper setzt 30% seiner Motorleistung $P = 1,5$ MW in Schubleistung um. Wie lange dauert es, bis er einen Frachter (Massse $m = 3 \cdot 10^7$ kg) auf eine Geschwindigkeit von 5 km/h beschleunigt hat?

2. Windkraftanlage
   Eine Windkraftanlage hat bei einer Windgeschwindigkeit $v = 3,5$ m/s eine elektrische Leistung $P_E = 5$ kW. Die Windleistung wird mit einem Wirkungsgrad $\eta = 61\%$ in elektrische Leistung umgesetzt. Wie groß ist der Durchmesser des Rotors? Dichte von Luft $\rho_L = 1,3$ kg/m^3.

3. Geostationärer Satellit
   Ein Nachrichtensatellit soll stets über dem gleichen Ort der Erdoberfläche stehen. Welche Bahn (Lage, Umlaufsinn, Radius r) muß er einnehmen? Erdradius $R_E = 6,37 \cdot 10^6$ m.

4. Regentropfen
   Regentropfen (Radius $r = 1$ mm) fallen aus einer Höhe $h = 500$ m auf die Erde. Der komplizierte Vorgang der Abbremsung durch die Luft soll vereinfachend durch eine geschwindigkeitsproportionale Reibung ($\gamma = 6,32 \cdot 10^{-6}$ kg $\cdot$ s^{-1}) beschrieben werden. Berechnen Sie das Verhältnis der Geschwindigkeiten beim Aufprall auf die Erde ohne und mit Luftreibung. Dichte von Wasser $\rho_W = 10^3$ kg/m^3.

5. Quarzkristall
   Elastische Längswellen genügen folgender Wellengleichung:

$$\frac{\partial^2 A}{\partial t^2} - \frac{E}{\rho} \frac{\partial^2 A}{\partial x^2} = 0 \, .$$

   Wie dick muß eine Quarzkristallplatte sein, damit sie in der Grundschwingung mit der Frequenz $f = 1$ MHz schwingt?
   Quarz: Elastizitätsmodul $E = 7,5 \cdot 10^{10}$ N/m^2, Dichte $\rho = 2,65$ g/cm^3.

6. Immersionsobjektiv

Beim Mikroskopieren liegt das Objekt O unter einem Deckglas D
(Brechungsindex $n_G = 1,515$).

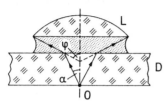

Zwischen Deckglas und der Frontlinse L
des Objektivs befindet sich als Immersi-
onsflüssigkeit Wasser ($n_W = 1,333$). Die numerische Apertur ist $A = 1,20$. Wie groß sind
die Winkel φ und α, aus denen das Objektiv
Licht aufnimmt?

7. Weißpigment

Anstriche werden sichtbar durch diffuse Lichtreflexion an den enthaltenen
Pigmentteilchen. Ein weißer Kreidestrich auf einer Wandtafel ist nur dann
gut sichtbar, wenn die Kreide trocken ist. Berechnen Sie zur Veranschauli-
chung das Intensitätsreflexionsvermögen. Tafelkreide besteht aus gemahle-
nem Gips. Brechungsindex: $n_K = 1,53$ für Gips ($CaSO_4 \cdot 2H_2O$), $n_W = 1,33$
für Wasser.

8. Laser

Ein Laser strahlt im zeitlichen Mittel mit einer Intensität (Energiestromdichte) $I = 5$ mW/mm^2. Wie groß ist die Amplitude E_0 der elektrischen
Feldstärke?

9. Ozonschicht

Über dem Südpol der Erde befindet sich in der unteren Stratosphäre nor-
malerweise eine 15 km dicke Ozonschicht mit einem mittleren Partialdruck
von $1,3 \cdot 10^{-2}$ Pa bei einer mittleren Temperatur $T = 190$ K. Wie dick wäre
eine reine Ozonschicht gleicher Menge im Normzustand ($p_0 = 1,013 \cdot 10^5$ Pa,
$T_0 = 273,15$ K)?

10. Gebirgsdruck

In einem Bergwerk ist in einer Tiefe $h = 1000$ m eine Gasblase (Volumen
$V = 5$ m^3) vom Erdreich (mittlere Dichte $\rho = 2,7$ g/cm^3) eingeschlossen.
Wird beim Vortrieb des Strebs die Gasblase angestochen, entweicht das Gas
explosionsartig. Wie groß kann die beim Ausströmen freiwerdende Energie
werden? Annahme: Es gilt das Boyle-Mariotte-Gesetz.

11. Vakuum

In einem evakuierten Behälter befinden sich noch $n = 10^{10}$ Teilchen/cm^3.
Wie groß ist der Druck bei Zimmertemperatur?

12. Geiger-Müller-Zählrohr
    Zum Nachweis von Kernstrahlung (α, β, γ) wird ein gasgefülltes zylindrisches Metallrohr (Radius r_R) benutzt, entlang dessen Achse ein dünner Draht (Durchmesser $2\,r_D$) gespannt ist. Zwischen Draht und Zylindermantel liegt eine Spannung U. Die elektrische Feldstärke E_D am Draht ist so groß, daß beim Durchgang eines Teilchens Ionisation im Gas einsetzt. Wie groß ist E für $r_R = 1$ cm, $2\,r_D = 150$ μm, $U = 850$ V?

13. Wechselspannung
    Durch Rotation einer kreisförmigen Spule (Radius $r = 10$ cm, $N = 50$ Windungen) um ihren Durchmesser in einem homogenen Magnetfeld (magnetische Flußdichte B). Die Rotationsachse steht senkrecht zu B. Wie groß muß B sein, um eine Wechselspannung mit der Amplitude $U_0 = 325$ V und einer Frequenz $f = 50$ Hz zu erzeugen?

14. Halbleiter
    In einkristallinem Germanium haben die Elektronen bei Zimmertemperatur eine Beweglichkeit $\mu = -3900$ cm^2 V^{-1} s^{-1}. Das Material hat einen spezifischen Widerstand $\rho = 0,62$ Ω cm. Wie groß ist die Ladungsträgerkonzentration n?

15. Balmerserie
    Angeregte Wasserstoffatome leuchten im sichtbaren Spektralbereich. Die in der Strahlung enthaltenen Wellenlängen λ werden durch die Balmerserie (Grundzustand $n_1 = 2$) beschrieben. Die erste Spektrallinie liegt bei $\lambda_1 = 656$ nm. Berechnen sie ohne Kenntnis der Rydbergkonstanten die Wellenlänge λ_3 der dritten Linie.

Lösungsskizzen 2

1. Schubleistung $0,3\,P = W/t$, kinetische Energie $W = m\,v^2/2$ Beschleunigungsdauer $t = m\,v^2/(2 \cdot 0,3 \cdot P) = 64,3$ s.

2. Windenergie $W = m\,v^2/2$, Windleistung $P_W = v^2(\mathrm{d}m/\mathrm{d}t)/2 = v^2\rho_L(\mathrm{d}V/\mathrm{d}t)/2$, Luftstrom durch den Rotor $\mathrm{d}V/\mathrm{d}t = \pi r^2 \cdot v$, $P_E = \eta \cdot P_W$. $P_W = P_E/\eta = v^3\rho_L\,\pi\,r^2/2 \rightarrow 2r = 19,2$ m.

3. Er muß sich in der Äquatorebene von West nach Ost bewegen. Kräfte $F_G = F_T \rightarrow M_E \cdot G/r^2 = \omega_E^2 \cdot r$, mit $M_E \cdot G = g_n \cdot R_E^2 \rightarrow r^3 = g_n \cdot R_E^2/\omega_E^2$, $\omega_E = 2\pi/\text{Tag} \rightarrow r = 42,2$ km.

4. Ohne Luft (freier Fall): $v_0 = \sqrt{2\,h\,g_n} = 99,1$ m/s, Fallzeit $t_0 = \sqrt{2\,h\,g_n} = 10,1$ s. Mit Luft: Relaxationszeit $\tau = m/\gamma = 0,66$ s $\ll t_0$ mit $m = \rho_W \cdot 4\pi \cdot r^3/3 = 4,19 \cdot 10^{-6}$ kg. Deshalb $v \approx v_\infty = m\,g_n/\gamma = 6,50$ m/s. $v_0/v_\infty = 15,2$.

5. Phasengeschwindigkeit $c = \lambda \cdot f = \sqrt{E/\rho} = 5,32$ km/s. Plattendicke $d = \lambda/2$ für die Grundschwingung $\rightarrow d = c/(2f) = 2,66$ mm.

6. Es ist $A = n_W \sin\varphi = n_G \sin\alpha = 1,20 \rightarrow \sin\varphi = 1,2/n_W \rightarrow \varphi = 64,2°$, $\sin\alpha = 1,2/n_G \rightarrow \alpha = 52,4°$.

7. $R = I_r/I_e = ((n_1 - n_2)/(n_1 + n_2))^2$, s. [GG] Gl. (40.18), für senkrechten Einfall mit der Intensität (Energiestromdichte) I. Kreide ($n_K = n_1$) in Luft ($n_2 = 1$) : $\rho_{KL} = (0,53/2,53)^2 = 4,4\%$, Kreide in Wasser ($n_W = n_2$) : $\rho_{KW} = (0,2/2,86)^2 = 0,5\%$.

8. $I = c\,\varepsilon_0\,E_0^2/2$, s. [GG] Gln. (40.11) und (40.12), mit $c = (\varepsilon_0\,\mu_0)^{-1/2} \rightarrow E_0 = (2\,\mu_0\,c\,I)^{1/2} = 1,94$ kV/m.

9. $pV/T = p_0V_0/T_0$, $V = A\,h \rightarrow p\,h/T = p_0\,h_0/T_0$. Dicke $h_0 = h\,p\,T_0/(p_0\,T) = 2,77$ mm.

10. Gebirgsdruck $p_G = \rho\,g_n\,h + p_L$, $p_L = 10^5$ N/m^2 (Luftdruck), $p_G = 266$ N/m^2, freiwerdende Energie $W = \int\limits_{V_G}^{V_L} p\,\mathrm{d}V$, $p\,V = p_G\,V_G$ (Boyle-Mariotte) $\rightarrow W = p_G\,V_G \cdot \ln(p_G/p_L) = 7,43 \cdot 10^8$ N m.

11. $p = n \cdot k \cdot T = 4,14 \cdot 10^{-5}$ Pa für $T = 300$ K.

12. Ladung $Q = \oint \varepsilon_0\, \boldsymbol{E} \cdot \mathrm{d}\boldsymbol{A}$, Zylindermantel $A = 2\pi\, r\, \ell \rightarrow E = Q/(2\pi\, \varepsilon_0\, \ell\, r)$,
    $U = \int \boldsymbol{E} \cdot \mathrm{d}\boldsymbol{r}, \quad U = Q/(2\pi\, \varepsilon_0\, \ell) \cdot \int\limits_{r_D}^{r_R} \mathrm{d}r/r = Q \cdot \ln(r_R/r_D)/(2\pi\, \varepsilon_0\, \ell)$,
    für $r = r_D$ ist $E = E_D \rightarrow E_D = U/(r_D \cdot \ln(r_R/r_D)) = 2{,}32 \cdot 10^6$ V/m.

13. Induktionsgesetz: $U(t) = -N \cdot B \cdot (\mathrm{d}A/\mathrm{d}t)$, Fläche $A(t) = A_0 \cos(\omega t)$, $A_0 = \pi r^2 \rightarrow U(t) = NB\omega\, A_0 \sin(\omega t) = U_0 \sin(\omega t) \rightarrow B = U_0/(N\omega A_0) = 0{,}66$ T.

14. Stromdichte $j = -e\, n\, v_D = -e\, n\, \mu\, E$,
    $\rho = E/j \rightarrow n = -(e\, \mu\, \rho)^{-1} = 2{,}58 \cdot 10^{15}$ cm^{-3}.

15. $\lambda^{-1} \sim n_1^{-2} - n_2^{-2}$, Balmerserie $n_1 = 2$, $n_2 = 3, 4, 5, \cdots$
    1. Linie: $n_1 = 3 \rightarrow \lambda_1$,   3. Linie: $n_2 = 5 \rightarrow \lambda_3$,
    $\lambda_3/\lambda_1 = 125/189$, $\lambda_3 = 434$ nm.

Literatur

[B]   W.A. Bingel: Theorie der Molekülspektren
         Verlag Chemie, Weinheim 1967

[BS]   I.N. Bronstein, K.A. Semendjajew: Taschenbuch der Mathematik
         B.G. Teubner, Stuttgart, Leipzig 1991

[BSCH]   L. Bergmann, C. Schaefer: Lehrbuch der Experimentalphysik,
         Band III Optik
         Walter de Gruyter, Berlin 1987

[DKV]   P. Dobrinski, G. Krakau, A. Vogel: Physik für Ingenieure
         B.G. Teubner, Stuttgart 1993

[E]   F.X. Eder: Moderne Meßmethoden der Physik, Teil II
         VEB Deutscher Verlag der Wissenschaften, Berlin 1956

[G]   D. Geist: Halbleiterphysik II
         Vieweg, Braunschweig 1970

[GD]   S. German, P. Drath: Handbuch SI-Einheiten
         Vieweg, Braunschweig 1979

[GG]   E. Gerlach, P. Grosse: Physik
         B.G. Teubner, Stuttgart 1995

[H]   H. Hart: Einführung in die Meßtechnik
         Vieweg, Braunschweig 1978

[L]   W.F. Libby: Altersbestimmung mit der C^{14}-Methode
         Bibliographisches Institut, Mannheim, Zürich 1969

[T]   P.A. Tipler: Physik
         Spektrum Akademischer Verlag, Heidelberg, Berlin, Oxford 1994

[TKO]   A. Trautwein, U. Kreibig, E. Oberhausen: Physik für Mediziner
         Walter de Gruyter, Berlin, New York 1987

[W]   W. Walcher: Praktikum der Physik
         B.G. Teubner, Stuttgart 1974

Konstanten

Gravitationskonstante	G	$=$ $6,672 \cdot 10^{-11}$ N m^2 kg^{-2}
Normfallbeschleunigung	g_{no}	$=$ $9,80665$ m s^{-2}
Vakuumlichtgeschwindigkeit	c	$=$ $2,99792458 \cdot 10^8$ m s^{-1}
Magnetische Feldkonstante	μ_0	$=$ $\varepsilon_0^{-1} c^{-2} = 4\pi \cdot 10^{-7}$ V s A^{-1} m^{-1}
Elektrische Feldkonstante	ε_0	$=$ $8,854 \cdot 10^{-12}$ A s V^{-1} m^{-1}
Ruhemasse des Protons	m_{p}	$=$ $1,673 \cdot 10^{-27}$ kg
Ruhemasse des Neutrons	m_{n}	$=$ $1,675 \cdot 10^{-27}$ kg
Ruhemasse des Elektrons	m_{e}	$=$ $9,110 \cdot 10^{-31}$ kg
Elementarladung	e	$=$ $1,602 \cdot 10^{-19}$ A s
Planck-Konstante	$\hbar$	$=$ $h/(2\pi) = 1,055 \cdot 10^{-34}$ J s
	h	$=$ $6,626 \cdot 10^{-34}$ J s
Stefan-Boltzmann-Strahlungskonstante	σ	$=$ $5,670 \cdot 10^{-8}$ W m^{-2} K^{-4}
Rydberg-Konstante	R_∞	$=$ $13,6\ eV$
Boltzmann-Konstante	k	$=$ $1,381 \cdot 10^{-23}$ J K^{-1}
Avogadro-Konstante	N_{A}	$=$ $6,022 \cdot 10^{23}$ mol^{-1}

Das griechische Alphabet

A	α	Alpha
B	β	Beta
Γ	γ	Gamma
Δ	δ	Delta
E	ε, ϵ	Epsilon
Z	ζ	Zeta
H	η	Eta
Θ	ϑ	Theta
I	ι	Jota
K	κ	Kappa
Λ	λ	Lambda
M	μ	My
N	ν	Ny
Ξ	ξ	Xi
O	o	Omikron
Π	π	Pi
P	ρ	Rho
Σ	σ	Sigma
T	τ	Tau
Y	υ	Ypsilon
Φ	φ	Phi
X	χ	Chi
Ψ	ψ	Psi
Ω	ω	Omega

Sachverzeichnis

Die Stichwörter führen nicht immer zu direkten Erklärungen der Begriffe. Sie ermöglichen dann aber eine Zuordnung der Aufgaben zur Systematik von Physiklehrbüchern, z.B. [GG]. Die angegebenen Ziffern beziehen sich auf die Numerierung der Aufgaben bzw. Seiten (*kursiv*).

Deus / Stolz
Physik in
Übungsaufgaben

Dieses Buch wendet sich an Studenten der Natur- und Ingenieurwissenschaften in den ersten Semestern. Eine Fülle von Fragen und einfachen Übungsaufgaben aus allen Gebieten der Physik dient der Festigung und Vertiefung des in den Grundvorlesungen gebotenen Stoffes.
Lösungen, Lösungshinweise und Zusammenstellungen der SI-Einheiten sowie grundlegender physikalischer Formeln komplettieren das Buch. Insbesondere wird den Studierenden eine gezielte Anleitung für das Selbststudium gegeben, um sie zu befähigen, das Physik-Examen im Rahmen des Vordiploms erfolgreich zu bestehen.

Von Dr.
Peter Deus
und Prof. Dr.
Werner Stolz
Technische Universität
Bergakademie Freiberg

1994. 319 Seiten
mit 201 Bildern.
16,2 x 22,9 cm.
Kart. DM 34,80
ÖS 272,– / SFr 34,80
ISBN 3-8154-3015-1

B. G. Teubner Verlagsgesellschaft
Stuttgart · Leipzig